化妆基础

甘迎春　褚宇泓◆主编

清华大学出版社

北　京

内 容 简 介

本书是由从事一线教学的化发与形象设计专业教师编写，他们依据多年的教学经验，采用最直接简单易行的方法，将化妆师必备的专业基础知识及基本技能形象化，力求可操作化地进行表述。

本书可供化妆和形象设计行业的专业人士、研究者阅读，也可作为化妆基础教学教材。

图书在版编目（CIP）数据

化妆基础/甘迎春，褚宇泓主编，—北京：清华大学出版社，2014（2022.7 重印）
ISBN 978-7-302-37888-4

Ⅰ.①化… Ⅱ.①甘… ②褚… Ⅲ.①化妆—中等专业学校—教材 Ⅳ.①TS974.1

中国版本图书馆 CIP 数据核字（2014）第 202620 号

责任编辑：朱敏悦
封面设计：汉风唐韵
责任校对：宋玉莲
责任印制：朱雨萌

出版发行：清华大学出版社
　　　　网　　址：http://www.tup.com.cn，http://www.wqbook.com
　　　　地　　址：北京清华大学学研大厦 A 座　　　邮　　编：100084
　　　　社 总 机：010-83470000　　　　　　　　邮　　购：010-62786544
　　　　投稿与读者服务：010-62776969，c-service@tup.tsinghua.edu.cn
　　　　质量反馈：010-62772015，zhiliang@tup.tsinghua.edu.cn
印 装 者：三河市龙大印装有限公司
经　　销：全国新华书店
开　　本：185mm×260mm　　　印　张：12　　　字　数：250 千字
版　　次：2014 年 10 月第 1 版　　　　　　　印　次：2022 年 7 月第 10 次印刷
定　　价：32.00 元

产品编号：060464-01

编 委 会

序　言

本项课程是三年中等专业学校美发与形象设计专业的一门主干课程。它的主要任务是让学生掌握化妆基础知识及基本技能，通过教学和训练学会生活化妆、新娘化妆、晚宴化妆，以及整体形象设计化妆造型的基本方法和技能。培养学生职业意识，树立职业道德观念与职业信念，提高审美品味，开拓视野的课程教学任务。

在专业中的地位与作用上，本课程强化了知识的应用性、针对性和技能的可操作性，专业基础起点较适当，注重运用新知识、新技能、新方法，突出了对学生动手能力的培养，体现了以素质为基础，以能力为本位，注重化妆基本知识和基本技术能力的培养。本教材以培养从事本行业所必备的基本技能为目标，强化职业的实用技能和基础知识的培养，涵养乐观积极的工作态度。

在对形象设计专业的相应职业岗位进行分析的基础上，运用了工作任务分析的方法。课程设计过程中遵循职业能力形成的规律，着眼于美发与形象设计专业学生相关知识、技能和情感的培养，以及专业能力、操作能力、社会能力的形成。并使学生毕业后能立即适应工作岗位的要求，能适应参加技术等级考试的要求，能适应与先进国家操作技术接轨的要求，体现了我国新时期教材的特点。

本套教材是由南京金陵中等专业学样甘迎春主任、褚宇泓主任主持编写，宋以元、李季、高虹萍、毛晓青、贾秀杉、贺佳、付玲、吴晖、刘芳、胡磊、李子睿、李东春、曾郑华、郭志鹏、王科研、姬艳丽、张迎宾组成的编写委员会，协助编写而成。其中知识教学目标、能力培养目标、思想教育教学、化妆基本知识等内容为甘迎春主任编写。各类妆型的特点及化妆技法等内容由褚宇泓主任编写完成。整体形象设计、化妆造型、局部化妆修饰技巧等内容为编写委员成员完成，李季老师进行了整体校对工作。

本套教材是结合南京金陵中等专业学校美发与形象设计专业的精品课程，及多年的教学实践经验总结而成。由于作者学识水平有限，书中错误与纰漏之处在所难免，恳请读者批评指正。

本书适用于化妆和形象设计行业的专业人士及专业学生、研究者阅读。

编　者
2014 年 6 月

目　　录

第一章

化妆与化妆师

学习目标

本章将从中外化妆史、古代化妆的局部修饰这两个方面入手，让学生了解化妆的有关知识，认识化妆师的职业定义、道德规范和修养，进而培养正确的化妆观念，树立良好的职业道德观念与职业信念，为将来胜任化妆师这一职业做好准备。

内容概述

爱美是人类天性，随着人类文明进入文明时代和自我修饰意识的出现，化妆从形式到内容也在不断变化，在不同的历史时期呈现出不同的特点。本章将在介绍中外化妆史的基础上，使学生认识中国传统妆饰艺术的知识，提升其对化妆文化的理解，丰富当今生活领域化妆的内容。随着社会发展，人们对美的追求也不断提高，美容美发行业日趋兴盛。本章将对现代化妆状况和化妆师就业前景进行分析，使学生理解化妆业的真正内涵，进而树立起职业目标，塑造好职业形象，推进化妆业的快速、健康发展。

本章总结

本章希望通过对中外化妆史的学习，了解化妆，了解化妆师，了解化妆行业，这是本课程学习的理论基础，也是从事化妆业必备的基本知识。要想成为一名真正的化妆师，就得不断提升自己的认识，提高自己的修养，塑造良好的形象以及正确的道德规范。

第一节 化妆史概述

内容提要

本节旨在让学生了解中外化妆史，汲取传统妆饰美的精髓，培养学生美的意识，提高审美能力，体会化妆在当今社会的重要意义。

一、中国化妆发展简史

（一）化妆的起源

化妆的起源仅用一种学说难以做出完整解释。各个社会时期的主导文化不同，其起源说法也各不相同，先后出现了驱虫说、狩猎说、巫术说和性吸引说四种学说。

（二）化妆的演变

化妆在不同时期的发展，都有时代特色。以下是中国各个时期的化妆特点。

1. 夏商周时期的特点
（1）以刚健朴素、自然清丽和不着雕饰的女性为美。
（2）出现了眉妆、唇妆、面妆。
（3）出现了妆粉、眉黛、面脂、唇脂、香泽等化妆品。

2. 秦汉时期特点
（1）化妆习俗得到很大发展，妇女开始注重容颜装饰。
（2）开始使用妆粉、胭脂、朱砂、墨丹、唇脂等化妆品来化妆。

3. 魏晋南北朝特点
（1）化妆技巧渐趋成熟，风格多样，用色大胆，以瘦为美。
（2）有白妆、额黄、斜红、花钿等面妆。

4. 隋唐五代特点
（1）隋代妆饰没有多变的式样，崇尚简约之美。唐代化妆则多姿多彩，表现出富丽华贵的整体妆饰风格，并且化妆技术也发展到巅峰。
（2）唐代妇女的化妆顺序为：敷铅粉——抹胭脂——画黛眉——贴花钿——点面靥——描斜红——涂唇脂。
（3）面妆流行浓艳的红妆。
（4）面靥的修饰。
（5）眉妆造型各异，眉式超过十五六种。
（6）花钿是唐朝妇女流行的妆饰法。

5. 宋辽金元特点
（1）宋朝化妆倾向淡雅幽柔，朴素自然。
（2）辽金元时期，游牧民族在入主中原后，逐渐汉化，妆面慢慢趋于讲究、华丽。

6. 明清时期特点
（1）妆面大多薄施朱粉，清淡雅致。
（2）创造出新的妆粉：珍珠粉、玉簪粉、珠粉（宫粉）。

7. 民国时期特点
中国逐步开始接受西方文明，好莱坞明星造型成为模仿对象。妆面偏白，注重五官的描绘，造型以圆为主。

8. 新中国成立后特点

新中国成立后，由于经济落后，百废待兴，提倡朴素节俭，基本没有妆面。

9. 20世纪80年代特点

（1）化妆重点造型都以圆为主。

（2）肤色的表现以白为底。

（3）妆面以眼部化妆为重点。

10. 改革开放后特点

（1）本色妆和透明妆开始流行，以明晰清爽的透明质感为中心，舍弃其他烦琐虚饰。

（2）化妆品的种类繁多，高科技成分越来越多，强调时尚、健康、自然的美。

知识点测试

简答题

1. 何为花钿、面靥、斜红、额黄？

——————————————————————————————

参考答案：①花钿，指饰于眉间额上的面部妆饰，也称额花、眉间俏、花子等。盛行于唐代，多以彩色光纸、云母片、丝绸、金箔等为原料制成，或直接画于脸上，形式多样，主要有红、绿、黄三类颜色。②面靥，又称妆靥，指古代妇女施于两侧酒窝处的一种妆饰，通常以胭脂点染。③斜红，起源于魏晋时期，盛行于唐代的一种面颊上的妆饰，有的形如月牙，有的状似伤痕，色泽鲜艳，分列于面颊两侧、鬓眉之间。④额黄，是一种古老的面饰，因以黄色颜料染于额间，又称鹅黄、鸦黄、约黄、贴黄、宫黄等。

试题分析：认识中国古代面部妆容，把握中国古代化妆历史。

2. 何为妆粉、朱砂、墨丹？

——————————————————————————————

参考答案：①妆粉，是人们敷粉时所用的化妆品，最初古代用米粉敷面，秦汉时期发明了糊状铅粉用以化妆，到了明清时期，又创造了珍珠粉、玉簪粉等新型妆粉。②朱砂，是一种红色的矿物质染料，主要成分是硫化汞，含有少量氧化铁、黏土等杂质，色彩鲜艳，可作面妆用。③墨丹，主要成分为石墨，可作眉妆用。

试题分析：认识中国古代人们使用的化妆品，把握中国古代化妆历史。

3. 简述唐代妇女的化妆顺序。

——————————————————————————————

参考答案：唐代妇女的化妆顺序为：敷铅粉——抹胭脂——画黛眉——贴花钿——点面靥——描斜红——涂唇脂。

试题分析：认识唐代妇女化妆的顺序步骤，把握中国古代化妆的发展。

二、外国化妆发展简史

国外化妆的风格，按照国别和历史时期，都具有各自的特色。

（一）古埃及特点

（1）据史料记载最早有意识的使用化妆品来进行自身修饰的是公元前 5000 年的古埃及人。

（2）古埃及人的化妆术发达。他们涂眼影、画眼线，抹腮红、擦口红、染指甲，让自己美艳动人。

（3）古埃及人会制作香水、油膏等化妆品，来美化和保护皮肤，还制造了雕刻得非常精美的化妆箱。

（二）古希腊特点

（1）古希腊沿袭了古埃及的风格，人们大量地使用香水和化妆品。

（2）女子无论老少都化妆，用烟黑涂抹眼睫毛和画眉，用锑粉修饰眼部，用白铅制成化妆品改善皮肤的颜色和质地，面颊及嘴唇则抹朱砂。

（三）古罗马特点

（1）古罗马人继承了希腊人化妆习惯，以雪白的肌肤和朱红双唇为主要特征。更注重眼部的化妆，用墨黑的颜色画眉和睫毛。

（2）古罗马人开发了很多供女性用的美容化妆品，如润肤剂、洁面奶、增白剂等化妆品，并留下了很多关于化妆品配方的书籍。

（四）古代亚洲特点

（1）古代亚洲除中国外，化妆在日本人和高丽人中间盛行较早。

（2）公元 601 年，高丽人就把口红传到了日本。

（3）日本江户时期，歌舞伎的妆容很流行，一些歌舞伎还将教授化妆作为第二职业。

（五）中世纪特点

这个时期受宗教信仰的影响，社会推行禁欲主义，化妆在这一时期几乎停滞不前。不同国家的化妆习惯也不尽相同，总体上白皙的妆容更注重精细的美感。

（六）文艺复习时期特点

人们追求自由和个性解放，又重新重视外表及容貌。女子剃掉眉毛和发际线处的毛发来展示较宽的额头，眼部不做修饰，只淡淡地修饰和描画唇部和面颊。

（七）17 世纪——巴洛克风格特点

1. 17 世纪男女都推崇随意、自然、优雅的美。

2. 沙龙、时装设计师、发型师、模特儿以及花边、香水、高跟鞋、手套、手袋等时尚体现巴洛克时期的繁荣和精致。

3. 化妆强调红白两种颜色，眼部化妆并不重视。

（八）18 世纪——洛可可风格特点

1. 洛可可时期，欧洲妇女开始在脸部涂抹用铅粉制成的粉底霜；用淀粉磨成细粉末制成的粉底和蜜粉扑粉；唇与面颊则涂用鲜明化妆品，颜色从粉红色到橘黄色都有。

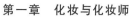

2. 眉毛经过刻意的修整，眼皮涂抹高度光泽的物质，但眼睛的描画却很淡。

（九）19 世纪特点

19 世纪，妇女极少使用化妆品和化妆，少数使用腮红，风格保守朴素。这一时期的妆容也被认为是历史上最朴素的妆容。

知识点测试

简答题

1. 古埃及时期化妆有什么特点？

参考答案：①据史料记载最早有意识地使用化妆品来进行自身修饰的是公元前 5000 年的古埃及人。②古埃及人的化妆术发达。他们涂眼影、画眼线，抹腮红、擦口红、染指甲，让自己美艳动人。③古埃及人会制作香水、油膏等化妆品，来美化和保护皮肤，此外还制造了雕刻得非常精美的化妆箱。

试题分析：认识古埃及时期人们化妆的特点，把握西方化妆的早期历史。

2. 西方中世纪时期与文艺复兴时期，妆容有什么变化？

参考答案：西方中世纪时期，受宗教信仰的影响，社会推行禁欲主义，化妆在这一时期几乎停滞不前。不同国家的化妆习惯也不尽相同，总体上白皙的妆容更注重精细的美感。文艺复兴时期，人们追求自由和个性解放，又重新重视外表及容貌。女子剃掉眉毛和发际线处的毛发来展示较宽的额头，眼部不做修饰，只淡淡地修饰和描画唇部和面颊。

试题分析：认识西方中世纪时期与文艺复兴时期化妆的变化，把握西方化妆的发展。

第二节 古代化妆的局部

内容提要

本节旨在让学生认识古代化妆局部修饰的成就，激发学生对中国传统妆饰艺术的兴趣，理解古代化妆对现代化妆的重要意义。

一、古代化妆眉的修饰

（一）古代化妆中的眉形

古代画眉的技术发展，在各个不同的历史时期，都带着符合当前时期的审美特点。

分述如下：

1. 画眉始于商周时，当时妇女将原来的眉刮掉，用黛画眉。蛾眉是当时非常流行的眉妆。

2. 到汉代，画眉相当盛行，一般流行纤细修长眉形。

3. 魏晋时期，沿袭汉代的长眉，并流行眉头相连的细长眉。

4. 唐代，眉形千变万化，初唐眉形浓而阔长，盛唐眉形纤细修长，中唐以后眉形短而阔。画眉以黛及烟墨为主。

5. 宋代用墨画眉，方法承袭唐代。

6. 元代，流行细长的一字眉。

7. 明代，眉形纤细弯曲，出现了长短深浅的变化。

8. 清代，眉形弯曲，眉头高，眉尾低，眉身纤细修长。

(二) 古代画眉的方法

古代画眉的技术手法有很多种，比较有典型代表的为以下三种。

1. 以黛画眉。黛是一种青黑色的颜料，是最早出现的一种画眉方式。

2. 墨丹。墨丹的主要成分为石墨，秦汉时期人们以此画眉，用时需放在专门的黛砚上磨碾成粉，加水调和后，涂到眉毛上，又称"画眉石"。

3. 烟墨。烟墨是一种人工制墨，起源较早，秦汉时期是墨史上的重要时期，唐代妇女开始用烟墨画眉。

知识点测试

简答题

1. 唐代眉形的特点是什么？

—————————————————————————————

参考答案：唐代眉形千变万化，初唐眉形浓而阔长，盛唐眉形纤细修长，中唐以后眉形短而阔。

试题分析：了解唐代眉形的特点，认识我国古代化妆的成就。

2. 我国古代画眉有哪几种方法？

—————————————————————————————

参考答案：我国古代主要采用黛、墨丹、烟墨三种方法来画眉。

试题分析：了解古代画眉的三种方法，认识我国古代化妆的成就。

二、古代化妆面部的修饰

古代唇部的化妆有以下特点。

1. 商周时期出现以唇脂来点唇的妆饰习俗。

2. 魏晋时期，以小巧秀美的唇为美。

3. 唐代，点唇样式丰富多样，晚唐时样式最多，但主要仍然以娇小浓艳的樱桃小口为时尚。颜色除了朱砂和胭脂的本色外，还喜用檀色。

4．明至清初承袭前朝，仍以樱桃小口为美。

5．清代，在宫廷中出现上唇涂满口红，下唇仅在中间点上一点的唇式。

6．晚清，受外来文化的影响，开始出现依照唇形涂满整个嘴唇，而中国传统樱桃小口的唇式逐步消失。

知识点测试

简答题
唐代化妆唇部的修饰有什么特点？

_____

参考答案：唐代，点唇样式丰富多样，晚唐时样式最多，但主要仍然以娇小浓艳的樱桃小口为时尚。颜色除了朱砂和胭脂的本色外，还喜用檀色。

试题分析：了解唐代化妆唇部的修饰特点，把握中国古代化妆的成就。

三、古代化妆唇部的修饰

古代化妆唇部的修饰方式有很多种，比较典型代表的有如下五种。

（一）粉妆

1．夏商周时期已出现以粉敷面，主要为白色米粉。

2．秦汉时发明了铅粉。秦汉时期，开始流行红妆，人们将粉染成红色敷在脸上，再抹上胭脂。

3．魏晋南北朝时期，面妆又以白妆为主。

4．唐代则以浓艳的红妆最为流行。

5．宋代擦红抹白是脸部妆扮的基本要素。辽金元时期，辽国妇女有以金色的黄粉敷面的习俗，称为佛妆；而元代妇女在额部涂黄粉，点痣。

6．明清后，红妆大多较薄，妆粉出现了珍珠粉、玉簪粉。

（二）额黄

魏晋南北朝时期出现了以黄色染料染画于额间的面饰，到唐代逐渐盛行。

（三）斜红

斜红是唐代盛行的一种面饰，分列于面颊两侧，鬓眉之间，形如月牙，颜色鲜红。

（四）花钿

花钿起源于南朝宋，盛行于唐代，是以彩色光纸、云母片、丝绸、金箔等原料制成各种形状贴在额头眉心的一种面部妆饰，也可以直接画在脸上，颜色主要有红、绿、黄三种。

（五）面靥

面靥，也称妆靥，是唐代流行的一种施于面颊酒窝处的面部妆饰。最初为两个小圆点，以后式样逐渐丰富。

知识点测试

简答题

简述古代粉妆的特点。

参考答案：夏商周时期已出现以粉敷面，主要为白色米粉。秦汉时发明了铅粉。秦汉时期，开始流行红妆，人们将粉染成红色敷在脸上，再抹上胭脂。魏晋南北朝时期，面妆又以白妆为主。唐代则是以浓艳的红妆最为流行。宋代擦红抹白是脸部妆扮的基本要素。辽金元时期，辽国妇女有以金色的黄粉敷面的习俗，称为佛妆；而元代妇女在额部涂黄粉，点痣。明清后，红妆大多较薄，妆粉出现了珍珠粉、玉簪粉。

试题分析：了解古代粉妆的发展特点，认识中国古代化妆的成就。

四、古代妆型的特点

点评古代妆型有如下八种特点。

（一）薄妆

宋元时期，妇女妆型多以素雅、浅淡为特点，称为薄妆、淡妆、素妆。

（二）酒晕妆、桃花妆、飞霞妆

流行于南北朝时期妆型，先敷粉后施朱，色浓的为酒晕妆，色淡的为桃花妆。而先施浅朱，后以白粉盖之，呈浅红色的为飞霞妆。

（三）北苑妆

南朝时，在淡妆的基础上，将大小形态各异的茶油花子贴在额头上。

（四）慵来妆

汉代慵来妆的妆型特点为薄施朱粉，浅画双眉，鬓发蓬松，给人以慵困、倦怠之感。

（五）啼眉妆、白妆、赭面、三白妆

1. 唐朝的八字眉，配合乌膏涂唇就是啼眉妆。
2. 唐代妇女脸部涂白粉即为白妆。
3. 唐代妇女脸部涂红褐色即为赭面。
4. 唐末后妇女在额、鼻、下巴处涂白粉，即为三白妆。

（六）檀晕妆

檀晕妆的特点为以铅粉打底，再敷檀香粉，面颊中部微红，逐步向四周晕开，眉下染浅赭色，四周呈晕妆，非常素雅。唐宋很流行，明代便失传。

（七）佛妆

佛妆是古代辽国契丹族妇女的一种特殊妆型。特点为以一种黄色粉末染于面颊，经久不洗，如同金佛之面，故称为佛妆。

（八）黑妆

明清时期的黑妆是一种以木炭研成灰末染于脸颊的一种妆型。

知识点测试

简答题

1. 何为薄妆、北苑妆、佛妆？

参考答案：薄妆：宋元时期，妇女妆型多以素雅、浅淡为特点。北苑妆：南朝时，在淡妆的基础上，将大小形态各异的茶油花子贴在额头上。佛妆：是古代辽国契丹族妇女的一种特殊妆型。特点为以一种黄色粉末染于面颊，经久不洗，如同金佛之面，故称为佛妆。

试题分析：了解古代妆型特点，认识古代化妆的成就。

2. 简述酒晕妆、桃花妆、飞霞妆的异同。

参考答案：酒晕妆、桃花妆、飞霞妆都是流行于南北朝时期妆型，酒晕妆与桃花妆先敷粉后施朱，色浓的为酒晕妆，色淡的为桃花妆。飞霞妆则先施浅朱，后以白粉盖之，呈浅红色。

试题分析：了解古代妆型特点，认识古代化妆的成就。

第三节　认识化妆

内容提要

认识化妆的概念，了解行业发展前景，帮助学生确立职业目标，培养职业信心。

一、化妆的基本概念

化妆是指运用化妆品和工具，采取合乎规则的步骤和技巧，对人的面部、五官及其他部位进行渲染、描画、整理，增强立体印象，调整形色，掩饰缺陷，表现神采，从而达到美容目的。

化妆能表现出女性独有的天然丽质，焕发风韵，增添魅力。成功的化妆能唤起女性心理和生理上的潜在活力，增强自信心，使人精神焕发，还有助于消除疲劳，延缓衰老。

知识点测试

简答题

化妆的基本概念是什么？

参考答案：化妆是指运用化妆品和工具，采取合乎规则的步骤和技巧，对人的面部、五官及其他部位进行渲染、描画、整理，增强立体印象，调整形色，掩饰缺陷，表现神采，从而达到美容目的。

试题分析：认识化妆的基本概念，树立正确的化妆观念。

二、化妆的分类与作用

（一）按性质和用途分类

1. 生活化妆：在生活中，以个人基本容貌为条件基础，以适合各种生活环境的一种化妆。

主要包括生活日妆、新娘妆、职业妆等。

2. 艺术化妆：以表演或展示为目的，塑造适用于各种影视、舞台、展示会等特定角色的化妆。

主要包括：影视妆、舞台妆等。

（二）按色度分类

1. 淡妆：即淡雅的妆饰，是对自身面容进行轻微的修饰。多运用于生活日妆、职业妆等。

2. 浓妆：即艳丽的妆饰，相对于淡妆而言，效果更佳夸张，色彩更加浓烈。主要运用于特殊的场合。

（三）化妆的作用

化妆对人们的日常交往和生活中，占有很重要的环节。下面是分三个层次，讲述化妆的作用。

1. 美化容貌

人们化妆的根本目的是为了美化自己的容貌，从而让自己的生活更加愉悦。

2. 增强自信

现代社会中，随着人们对外交往的增多，化妆在美化容貌的同时，还能起到增强自信的作用。

3. 弥补缺陷

化妆通过运用色彩的明暗和色调的对比关系造成人的视错觉，从而达到弥补不足的目的。

知识点测试

简答题

1. 简述化妆的分类。

***

参考答案：化妆按性质和用途分类，可分为生活化妆和艺术化妆。生活化妆主要包括生活日妆、新娘妆、职业妆等；艺术化妆主要包括影视妆、舞台妆等。化妆还可按色度分类，分为淡妆和浓妆。淡妆多运用于生活日妆、职业妆等；浓妆主要运用于特殊的场合。

试题分析：认识化妆的分类，把握化妆的基本知识，树立正确的化妆观念。

2. 化妆有哪些作用？

***

参考答案：化妆的作用是美化容貌、增强自信、弥补缺陷。

试题分析：了解人们化妆的作用，把握化妆的基本知识，培养正确的化妆观念。

三、现代化妆行业的发展前景

（一）市场潜力巨大

中国目前化妆美容行业市场总量每年约三千亿元，化妆美容经济平均以每年15％的速度递增，递长率远远超过了经济的增长率。中国化妆美容经济正在成为继房地产、汽车、电子通信、旅游之后的中国居民第五大消费热点。

与日韩、欧美等发达国家相比，中国的美容化妆行业规模还很小，说明了该行业在中国发展有很大的潜力。

（二）化妆师需求量大

随着人民生活质量的提高，女性对美的追求越来越高，化妆已成为人们生活的一项重要内容，化妆师是21世纪一项蓬勃发展的朝阳职业。目前高端化妆造型师奇缺，影视化妆师和影楼化妆师的需求量不断增多，国际市场对化妆造型人才的需求前景也无比广阔。

知识点测试

简答题

化妆行业发展有哪些特点？

***

参考答案：①市场潜力巨大；②化妆师需求大。

试题分析：了解化妆行业发展前景，提高对化妆相关知识的认识。

第四节　化妆师的职业定义

内容提要

了解化妆师的职业定义，分析化妆师的就业前景，培养职业意识。

一、化妆师的职业定义

（一）化妆师的职业定义

1. 化妆师的狭义定义

根据《中华人民共和国国家职业分类大典》，化妆师的职业定义主要是指从事影视、舞台演出等演员造型设计并完成造型工作的人员。

2. 化妆师的广义定义

化妆师是指运用化妆品和工具，对顾客的头部、面部等身体局部采取合乎规则的步骤和技巧（如对人的面部、五官及其他部位进行渲染、描画、整理，增强立体印象，调整形色，掩饰缺陷，表现神采等），从而达到美丽容颜的目的，并以此为职业的专业人员。

（二）化妆师的职业发展特点

1. 化妆服务对象的变化

随着社会的发展，生活艺术化、艺术生活化的趋势日趋明显，化妆师的服务对象不再局限于演艺人员，普通人也可以成为化妆师的服务对象。

2. 化妆应用的多样性

化妆不再局限于艺术表演范畴，已经扩展到了婚纱和时尚摄影、体育表演、广告制作、影视生产、舞台、音乐制作、中外合拍片、模特时尚、服装服饰、期刊出版、化妆产品形象代言、公众人物形象顾问、明星私人化妆师等广泛领域。因此，21世纪后，化妆师已经成为新兴的、时尚的通用职业（工种）。

知识点测试

简答题

1. 化妆师职业的广义定义是什么？

参考答案：化妆师从广义上说是指运用化妆品和工具，对顾客的头部、面部等身体局部采取合乎规则的步骤和技巧（如对人的面部、五官及其他部位进行渲染、描画、整理，增强立体印象，调整形色，掩饰缺陷，表现神采等），从而达到美丽容颜的目的，并以此为职业的专业人员。

试题分析：了解化妆师职业的广义定义，提高对化妆师职业定义的全面认识。

2. 简述化妆师职业发展的特点。

参考答案：①化妆服务对象的变化。随着社会的发展，生活艺术化、艺术生活化的趋势日趋明显，化妆师的服务对象不再局限于演艺人员，普通人也可以成为化妆师的服务对象。②化妆应用的多样性。化妆不再局限于艺术表演范畴，已经扩展到了婚纱和时尚摄影、体育表演、广告制作、影视生产、舞台、音乐制作、中外合拍片、模特时尚、服装服饰、期刊出版、化妆产品形象代言、公众人物形象顾问、明星私人化妆师等广泛领域。因此，21世纪后，化妆师已经成为新兴的、时尚的通用职业（工种）。

试题分析：了解化妆师职业发展的特点，提高对化妆师职业及其发展状况的认识。

二、化妆师资格认证

（一）化妆师职业等级

1. 初级（国家职业资格五级）

2. 中级（国家职业资格四级）

3. 高级（国家职业资格三级）

（二）化妆师职业资格申报条件

1. 初级：经本职业五级（初级）正规培训达规定标准学时数。

2. 中级：取得本职业职业资格证书五级（初级）后，连续从事工作一年以上，经本职业四级（中级）正规培训达规定标准学时数。

3. 高级：取得本职业职业资格证书四级（中级）后，连续从事工作两年以上，经本职业三级（高级）正规培训达规定标准学时数。

（三）化妆师职业鉴定方式

1. 理论知识考试，采用闭卷笔试，按标准答案评定得分。

2. 技能操作考核，采用实际操作、口试、笔试、答辩相结合的方式，各级的考核方式根据职业等级和考核项目特点而定，由3～5名考评员组成的考评小组按技能操作考核规定或有关标准分别打分，取平均分为考核得分。

3. 理论知识考试与技能操作考核分别采用百分制评分，两项皆达到60分及以上者为合格。

（四）化妆师职业基本要求

1. 职业道德

（1）职业道德基本知识

（2）职业守则

2. 基础知识

（1）中外化妆发展简史

（2）艺术理论基本知识（艺术概论，美学常识，服饰知识）

（3）化妆品及工具的分类与应用及保养

（4）必要的绘画基本知识

（5）必要的生理基本知识（相关头部解剖，脸形、皮肤、毛发基本知识）

（6）相关法律法规基本知识

（7）卫生基本知识

知识点测试

简答题

1. 化妆师职业等级可分为哪几等？

参考答案：化妆师职业等级可分为三级：1. 初级（国家职业资格五级）2. 中级（国家职业资格四级）3. 高级（国家职业资格三级）

试题分析：了解化妆师职业等级，认识化妆师职业标准，做好个人职业规划。

2. 简述化妆师职业鉴定方式。

参考答案：化妆师职业鉴定方式为：①理论知识考试，采用闭卷笔试，按标准答案评定得分。②技能操作考核，采用实际操作、口试、笔试、答辩相结合的方式，各级的考核方式根据职业等级和考核项目特点而定，由3～5名考评员组成的考评小组按技能操作考核规定或有关标准分别打分，取平均分为考核得分。③理论知识考试与技能操作考核分别采用百分制评分，两项皆达到60分及以上者为合格。

试题分析：了解化妆师职业鉴定方式，认识化妆师职业标准，做好个人职业规划。

三、化妆师的就业方向和前景

（一）化妆师就业现状

1. 婚纱影楼。

2. 彩妆公司。

3. 化妆品公司。

4. 化妆造型工作室。

5. 影视剧组。

（二）化妆师的就业方向

1. 化妆品彩妆公司的美容化妆顾问。

2. 广告传媒公司的化妆造型师、形象设计师。

3. 模特经纪公司的化妆造型师、形象设计师。

4. 各类化妆造型工作室的形象设计师。

5. 化妆摄影公司的化妆造型师。

6. 电视台及各类剧组片场的化妆造型师。

7. 美容美发专业学校或企业的专业导师。

（三）化妆师的就业前景

未来，化妆师就业渠道将越来越开阔，影楼、美容会所、影视剧组、电视栏目、平面广告、时尚杂志、模特大赛、选美大赛、服装发布会、产品发布会、文艺晚会、电视广告、化妆品公司、摄影工作室、美容美发学校、个人形象设计等都需要化妆师。尤其随着社会需求的不断增加，日常生活中更需要专业化妆师。

化妆师以其时尚、收入高、社会需求量大、易就业等特点将受到时尚人士、尤其是年轻人的热烈追捧，化妆师职业也必将成为人们最佳的职业选择之一。

知识点测试

简答题

1. 化妆师的就业现状如何？

参考答案：目前化妆师主要可在婚纱影楼、彩妆公司、化妆品公司、化妆造型工作室、影视剧组任职。

试题分析：了解化妆师目前就业现状，把握化妆师职业发展方向，做好个人职业规划。

2. 简述化妆师未来就业前景。

参考答案：未来，化妆师就业渠道将越来越开阔，影楼、美容会所、影视剧组、电视栏目、平面广告、时尚杂志、模特大赛、选美大赛、服装发布会、产品发布会、文艺晚会、电视广告、化妆品公司、摄影工作室、美容美发学校、个人形象设计等都需要化妆师，尤其随着社会需求的不断增加，日常生活中将需要更多的专业化妆师。

试题分析：了解化妆师的就业前景，把握化妆师职业发展方向，做好个人职业规划。

第五节 化妆师的道德规范

内容提要

认识化妆师的道德规范，让学生树立职业道德观念，进而完善自我，提高自觉性。

一、化妆师职业道德的基本概念与基本要求

（一）道德与职业道德

1. 道德

是一种社会意识形态，是人们共同生活及其行为的准则与规范，它往往以善恶为标准，通过社会舆论、内心信念和传统习惯来评价人的行为，调整人与人之间，个人与社会之间相互关系的行动规范。

2. 职业道德

就是指从事一定职业劳动的人们，在特定的工作和劳动中以其内心信念和特殊社会手段来维系的，以善恶进行评价的心理意识、行为原则和行为规范的总和，它是人们在从事职业的过程中形成的一种内在的，非强制性的约束机制。

（二）职业道德的特征

1. 范围上的有限性。

（1）适用于走上社会岗位的成年人。

（2）一定行业的职业道德只适用于专门从事该职业的人。

2. 内容上的稳定性和连续性。

3. 形式上的多样性和实用性。

（三）化妆师的职业道德

化妆师的职业道德，是指专业化妆师在从事化妆过程中，所应遵循的化妆职业活动相适应的行为规范。

（四）化妆师职业道德的基本要求

1. 文明礼貌

（1）举止得体

（2）语言规范

（3）仪表端庄

（4）待人热情

2. 爱岗敬业

（1）树立职业理想

（2）强化职业责任

（3）提高职业技能

（4）热爱本职工作

3. 诚实守信

（1）重质量

（2）重服务

（3）重信誉

（4）健康上岗

（5）虚心好学

（6）团结合作

（7）自尊自强

（8）乐观向上

知识点测试

简答题

1. 化妆师的职业道德的基本概念是什么？

参考答案：化妆师的职业道德，是指专业化妆师在从事化妆过程中，所应遵循的与化妆职业活动相适应的行为规范。

试题分析：了解化妆师职业道德的概念，培养正确的职业道德意识。

2. 化妆师如何做到爱岗敬业？

参考答案：化妆师可以从四个方面做到爱岗敬业：树立职业理想、强化职业责任、提高职业技能、热爱本职工作。

试题分析：了解化妆师职业道德的基本要求，培养正确的职业道德意识。

二、化妆师职业特点与职业守则

（一）化妆师职业特点

1. 社会需求量大。

2. 目前学历要求水平不高。

3. 符合年轻人的理想。

4. 工作环境优美。

5. 高收入行业。

（二）化妆师职业守则

1. 正确树立起化妆艺术为人民服务的思想，诚信务实，礼貌待人。

2. 投入到集体的艺术创作中去，团结协作，顾全大局，爱岗敬业，遵纪守法。

3. 持现实主义的化妆方法，不断钻研业务，精益求精。

知识点测试

简答题

化妆师职业守则有哪些？

参考答案：化妆师职业守则包括：①正确树立起化妆艺术为人民服务的思想，诚信务实，礼貌待人；②投入到集体的艺术创作中去，团结协作，顾全大局，爱岗敬业，遵纪守法；③持现实主义的化妆方法，不断钻研业务，精益求精。

试题分析：了解化妆师职业守则，提高职业道德意识，培养正确价值观念。

第六节　化妆师概述

内容提要

了解修养的各个方面，帮助学生养成良好的行为习惯，塑造化妆师形象。

一、化妆师的修养

（一）修养

修养，一是指人们具有知识、理论、艺术、思想的水平；一是指人们逐步养成高尚的品质和正确的待人处事态度。

（二）化妆师的修养

化妆师的修养，与一般修养不同。化妆师的修改具体要求如下所述：

1. 良好的艺术修养

（1）对面部及人体各部有深入的了解。

（2）要有独特的个人风格及审美观。

（3）对色彩及搭配有透彻的认识。

2. 良好的个人形象

（1）发型整洁美观

（2）化妆清新自然

（3）着装得体大方

（4）语言亲切最后

（5）举止大方自然

3. 良好的心理素质

（1）对职业有信心，认真努力工作

（2）善于沟通，善于思考

（3）团结合作，服务社会

知识点测试

简答题

1. 化妆师的艺术修养有哪些？

参考答案：化妆师的艺术修养包括：①对面部及人体各部有深入的了解。②要有独特的个人风格及审美观。③对色彩及搭配有透彻的认识。

试题分析：了解化妆师应具备的艺术修养，提高对化妆师修养的认识。

2. 化妆师的修养包括哪三个方面？

参考答案：化妆师的修养包括：①良好的艺术修养。②良好的个人形象。③良好的心理素质。

试题分析：了解化妆师修养的三个方面，提高对化妆师修养的认识。

二、化妆师的个人形象

（一）化妆师的礼仪规范

1. 站姿、坐姿、步态

（1）站姿，挺胸、收腹、直腰、提臀、颈部挺直、目光平视，下颌微收，双脚呈丁字形或 V 字形站立，尽量做到挺、直、高。

（2）坐姿，上身挺直、双膝靠拢、两脚稍微分开，在为顾客服务时，身体上部直立，可稍向前倾。

（3）步态，行走时头正、身直、步子不要迈太大，双脚基本走在一条直线上，步伐平稳，切忌左右摇摆，上下颤动。

2. 化妆师的举止

化妆师的举止应当是端庄文雅、落落大方、得体美观，体现出化妆师的职业特点。

（二）化妆师的语言规范

1. 与顾客沟通的语音、语调

（1）化妆师需语音清晰，音量适中。

（2）化妆师的语调应该是柔和、悦耳的，能表达亲切、热情、真挚、友善、柔顺和谅解的思想感情及个性。

2. 与顾客交谈的主题和原则

（1）交谈的主题

化妆师应该尽量去了解顾客的心理，从而选择较佳的谈话主题。

（2）交谈的原则

① 主动打开话题

② 用简单、易懂的言辞

③ 始终保持愉快的心情

④ 交谈不涉及个人或他人的私事

⑤ 不说粗话

3. 基本常用语言

（1）您好。

（2）欢迎光临。

（3）请这边坐。

（4）您想做一款怎样的妆面呢？

（5）您对我为您化的妆满意吗？

（6）谢谢，再见。

（三）化妆师的个人清洁

1. 化妆师清洁习惯

（1）随时携带干净的手帕或纸巾、化妆棉。

（2）避免与他人公用毛巾、茶杯、化妆品、梳子等物品。

2. 化妆师的个人卫生要求

（1）头发要保持清洁，经常洗发，留长发者工作时要束发。

（2）面部皮肤应加强日常护理，工作时化淡妆，最忌脱妆或浓妆艳抹，可使用清馨淡雅的香水。

（3）保持口腔清洁，工作中不嚼口香糖。

（4）保持手部干净整洁，不要留长指甲。

（5）服饰整洁舒适、大方。

（6）工作时不宜穿高跟鞋，保持鞋袜清洁、无异味。

3. 化妆师的手部保养

（1）保持双手清洁，不蓄长指甲。

（2）经常用按摩霜、护手霜保养双手。

（四）化妆师应避免的行为举止

1. 在顾客面前咳嗽。

2. 在顾客面前抽烟、嚼口香糖、咬指甲。

3. 说话大声、刺耳。

4. 当着顾客批评同事的手艺或讥笑他人。

5. 与顾客谈论私事或探听顾客的隐私。

6. 工作时姿态不雅，行走时身体左右摇摆。

7. 在顾客面前把电视机或手机的音量开得很大。

8. 随地吐痰、丢垃圾。

知识点测试

简答题

1. 简述化妆师与顾客交谈时的原则。

参考答案：化妆师与顾客交谈的原则是：①主动打开话题。②用简单、易懂的言辞。③始终保持愉快的心情。④交谈不涉及个人或他人的私事。⑤不说粗话。

试题分析：了解化妆师与顾客交谈时的原则，提高对化妆师的个人形象认识。

2. 简述化妆师的个人卫生要求。

参考答案：化妆师的个人卫生要求：①头发要保持清洁，经常洗发，留长发者工作时要束发。②面部皮肤应加强日常护理，工作时化淡妆，最忌脱妆或浓妆艳抹，可使用清馨淡雅的香水。③保持口腔清洁，工作中不嚼口香糖。④保持手部干净整洁，不要留长指甲。⑤服饰整洁舒适，大方。⑥工作时不宜穿高跟鞋，保持鞋袜清洁、无异味。

试题分析：了解化妆师个人卫生要求，提高对化妆师的个人形象认识。

3. 简述化妆师与顾客交谈时的原则。

参考答案：化妆师在顾客前应避免以下行为举止：①在顾客面前咳嗽。②在顾客面前抽烟、嚼口香糖、咬指甲。③说话大声、刺耳。④当着顾客批评同事的手艺或讥笑他人。⑤与顾客谈论私事或探听顾客的隐私。⑥工作时姿态不雅，行走时身体左右摇摆。⑦在顾客面前把电视机或手机的音量开得很大。⑧随地吐痰、丢垃圾。

试题分析：了解化妆师需要避免的行为举止，帮助学生纠正自身不良行为举止，提高对化妆师的个人形象认识。

第二章
化妆基础知识

学习目标

本章将从人体头面部认知、常用粉饰类化妆品及应用、常用化妆工具及应用三个方面入手，让学生对化妆这门学科有深一步的了解及学习。

内容概述

完美的化妆造型来源于美容师娴熟的技艺，而娴熟的技艺是建立在对有关化妆基础知识的理解上的。面部五官比例是化妆的一把尺子，只有理解面部比例关系及头面部的"型"与面部的"型"才能在化妆中做到心中有数。化妆品、化妆工具是对人物进行化妆造型的必要物质基础。本章以理论知识为主。在学习的过程中，既要注重理论知识的学习，更应在实践中加深对以上知识的理解，从而全方位的掌握所学的知识。

本章总结

本章希望通过对化妆基础知识的学习，进一步的了解人体面部外观，准确分析面部结构、五官比例关系，培养超强的观察力。学习化妆基础知识，掌握化妆品及化妆工具使用技巧，为以后的化妆造型学习打下坚实的基础。

第一节　人体头面部认知

内容提要

本节主要从面部结构、面部五官比例、头"型"与面"型"三个方面来讲授的。主要是让学生掌握化妆中的基础知识，通过本节的学习能准确的分析面部基本结构、五官比例关系及头的不同形状。

一、面部结构

人的面部外观如图 2.1 所示。

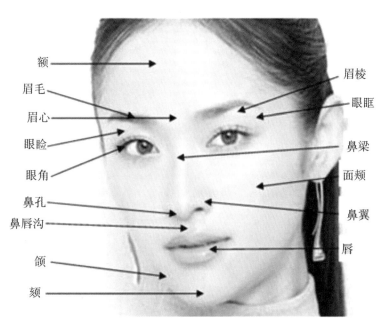

图 2.1 人的面部外观

1. 额——眉毛至发际线的部位。

2. 眉棱——生长眉毛的鼓出的部位。

3. 眉毛——位于眶上缘一束弧形的短毛。

4. 眉心——两眉之间的部位。

5. 眼睑——边缘长有睫毛，俗称"眼皮"。眼睑分上眼睑、下眼睑。

6. 眼角——亦称眼眦。分为内眦（内眼角）和外眦（外眼角）。

7. 眼眶——眼皮的外缘构成的眶。

8. 鼻梁——鼻子隆起的部位，最上部称鼻根，最下部位称鼻尖。

9. 鼻翼——鼻尖两旁的位置。

10. 鼻唇沟——鼻翼两旁凹陷下去的部位。

11. 鼻孔——鼻腔的通道。

12. 面颊——位于脸的两侧，从眼到下颌的部位。

13. 唇——口周围的肌组织，俗称"嘴唇"。

14. 颌——由口腔上部和下部的骨和肌组织构成，上部称为上颌，下部称为下颌。

15. 颏——位于唇下，脸的最下部分，俗称"下巴"。

知识点测试

一、判断题

1. 面部结构中的五官主要是眉、眼、唇、鼻及脸形。　　　正确的答案是：对

试题分析：在美容化妆中，面部结构知识点中五官主要是眉、眼、唇、鼻及面型。在面部五官中比较容易将耳朵也纳入五官里，化妆中将耳朵改为面部的型，便于化妆的学习。

2. 额的位置是眉毛至发际线的部位。 正确的答案是：对

试题分析：在美容化妆中，面部结构知识点额的位置是眉毛至发际线的部位。额是占面部较大的部分，是强调面部立体结构的重点。

3. 眼睑是双眼睑重合的位置。 正确的答案是：错

试题分析：在美容化妆中，面部结构知识点中，眼睑是环绕眼睛周围的皮肤组织，边缘长有睫毛，俗称"眼皮"。眼睑分上眼睑、下眼睑。化妆中我们要根据眼睑的位置把握好眼影晕染的位置。

4. 眼角分为内眼角和外眼角。 正确的答案是：对

试题分析：眼角，眦的通称，内眦叫大眼角，外眦叫小眼角。

二、填空题

1. 额的位置是_____的部位。

正确答案：眉毛至发际线。

试题解析：额在整个面部的最上方，它是构成面部眉以上至发际的部分，也是面部比例中的上庭，在基础化妆中了解和学习它的位置、名称、比例有着重要的作用。

2. 眼角也称_____，分为_____和_____。

正确答案：眼眦、眼内眦、眼外眦。

试题解析：眼睛在眉毛的下方，它是构成面部横向宽度的重要依据条件，也是面部比例中"五眼"，在基础化妆中了解和学习它的位置、名称、比例有着重要的作用。

3. 眉毛生长在_____的部位。

正确答案：眶上缘

试题解析：眉毛在化妆中有着重要的修饰作用，它可以调整面部五官比例。

4. 面颊位于_____。

正确答案：脸的两侧，从眼到下颌的部分

试题分析：面型在化妆中是非常重要的部分，我们要准确的掌握它的位置。

二、五官比例

自古以来，椭圆脸形和比例匀称的五官一直被公认为最理想的"美人"的标准。椭圆脸形的长度和宽度是由五官的比例结构所决定的，包括的比例一般以"三庭五眼"为标准"三庭五眼"对脸形是精辟的概括，是面部化妆的基本依据。

即由前额发际线到下额分为三等份，故称"三庭"。"上庭"是指前额发际至眉；"中庭"是指眉线至鼻底线；"下庭"是指从鼻底线至额底线，它们各占脸部长度的1/3。所谓"五眼"是指脸的宽度。以眼睛长度为标准面部1/5，分为五个等份。两眼的内眼角之间的距离应为一只眼睛的长度，两眼的外眼角延伸到两侧耳孔的距离又是一只眼睛的距离。事实证明"三庭五眼"的比例完全适合我国人体面部五官外形的比例。

面部外观比例如图2.2所示。

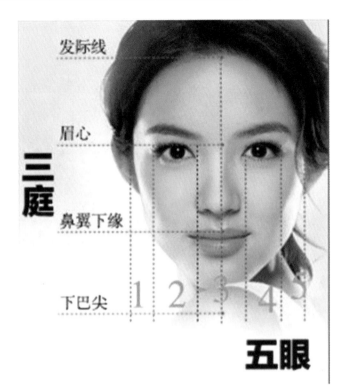

图 2.2　面部外观比例

知识点测试

一、判断题

1. 五官比例是指脸的形状。　　　　　　　　　　　　　　　正确的答案是：错

试题解析：在美容化妆中，掌握面部五官比例是非常重要的，根据每个人的审美不同我们要创造出不同形象造型，只有好好地掌握面部五官比例的关系才能更好地便于化妆的学习和实践。

2. 标准脸形是我们常说椭圆形脸。　　　　　　　　　　　　正确的答案是：对

试题分析：从标准脸形的美学标准来看，面部长度与宽度的比例为 1.618 ∶ 1，这也符合黄金分割比例。我们常认为椭圆形脸的比例是最接近这个值得所以这个题是对的。

3. 三庭是标准脸形的长度。　　　　　　　　　　　　　　　正确的答案是：对

试题解析：三庭是标准脸形的长度，掌握好它与脸形宽度的比例，便宜我们在以后的化妆造型的应用。

4. 五眼是标准脸形的宽度。　　　　　　　　　　　　　　　正确的答案是：对

试题分析：五眼是标准脸形的宽度，掌握好它与脸形长度的比例，有助于我们在以后的化妆造型的应用。

二、填空题

1. 化妆中常用的面部五官是指 _____ 、_____ 、_____ 、_____ 、

_____部位。

正确答案：眉、眼、唇、鼻、面型。

试题解析：我们首先要了解化妆中的面部五官是指眉、眼、鼻、唇、面型，并掌握它们之间的比例关系，在化妆造型中利用化妆技巧美化容貌。

2. 标准脸形的长度与宽度的比例是：_____。

正确答案：1.618∶1

试题解析：了解标准脸形的长度和宽度的比例关系，知道以什么为标准来衡定标准脸形的比例。

3. 标准脸形的上庭是_____的部位。

正确答案：指前额发际至眉

试题解析：额部是面部五官比例中修饰比较少的部分，但它也是能突出面部立体结构的重要部位，我们要好好掌握它的比例关系。

4. 标准脸形的两眼之间是_____。

正确答案：一只眼睛的距离

试题分析：眼睛是心灵的窗户，也是化妆中最能表现造型特点的部位，所以我们一定要掌握眼睛的比例关系。

三、简答题

1. 简述三庭五眼的定义。

_____

参考答案：所谓的三庭是指脸的长度，即由前额发际线到下额分为三等份，故称"三庭"。"上庭"是指前额发际至眉，"中庭"是指眉线至鼻底线，"下庭"是指从鼻底线至额底线，它们各占脸部长度的1/3。

"五眼"是指脸的宽度。以眼睛长度为标准面部1/5，分为五个等份。两眼的内眼角之间的距离应一只眼睛的长度，两眼的外眼角延伸到两侧耳孔的距离又是一只眼睛的距离。

试题分析：在化妆造型中，化妆师的观察能力是必备的素质之一，首先我们要观察面部五官比例关系。那么我们就要根据三庭五眼的定义来比较什么是标准脸形及它们之间的关系。

三、"头型"与"面型"

化妆前，我们首先要了解头部及面部的基本形体特征（大小、宽窄等）。因为化妆的目的之一就是调整头面部体特征，增强头面部的立体感。

（一）头部的"型"

1. 头颅大致可分为两大类：圆头颅型和长头颅型如图2.3所示。

2. 白色人种、红色人种及黑色人种属于长头颅型，长头颅型的人种面部比较鼓突、立体。

3. 黄色人种属于圆头颅型，圆头颅型的人种面部较圆润、扁平。

4. 两种头型在化妆造型中，可以发挥不同头颅型的优势，以弥补弱势。

圆头颅　　　　　　　　　　　　　　　　长头颅

图 2.3　圆头颅与长头颅

（二）面部的"型"

我们可将头部看成一个存在于空间的长方体，面部则是其中的三个面。由此可知，面部是有转折变化的。由两眉峰分别向下做一垂线，这两条线称为轮廓线。两条轮廓线之间的面为内轮廓，内轮廓以外的面称为外轮廓。认识面部转折关系，就可利用色彩的色性，将圆润、扁平的面型塑造成圆浑与立体相结合的面型。

知识点测试

判断题

1. 头型由于人种的不同可分为方头颅和圆头颅。　　　　　　正确的答案是：错

试题分析：在美容化妆中，掌握头面部的"型"是至关重要的，也是化妆目的之一。要了解由于人种的不同，头面部的"型"正确的是长头颅和圆头颅。

2. 亚洲人多属于圆头颅。　　　　　　　　　　　　　　　　正确的答案是：对

试题分析：头型可分为长头颅和圆头颅，我们亚洲人主要是圆头颅，其特点是头颅外观圆润，面部五官立体感不强，在造型化妆中有一定的难度。

3. 将头部看成一个长方体，面部则是其中的一个面。　　　　正确的答案是：错

试题分析：头部是个长方体，它应该有四个面，其中面部就占了 3 个面，这样面部才能有立体感。

4. 由眉峰分别向下做一垂线，这两条线被称为轮廓线。　　　正确的答案是：对

试题分析：头部可看成长方体，面部是其中的三个面。轮廓线是长方体中的 2 条棱线，它把面部分成了 3 个面，垂线之内的为内轮廓，垂线以外到耳前是外轮廓。

5. 中国人属于圆头颅。　　　　　　　　　　　　　　　　　正确的答案是：对

试题分析：中国人属于蒙古人种，我们的头颅基本上都是圆头颅。外观圆润面部五官不够立体。

第二节　常用粉饰类化妆品及应用

内容提要

本节主要讲解了粉底、蜜粉、眼影、眼线饰品、睫毛膏、眉笔、胭脂、唇膏、唇线笔的种类及使用方法，使学生通过本节的学习，能够了解化妆中常用的各种化妆品的特性、使用技巧，便于我们以后的化妆学习和操作。

一、粉底

修饰类化妆品包括：粉底、蜜粉、眼影、眼线液、眼线笔、睫毛膏、眉笔、胭脂、唇膏、唇彩、唇线笔等。

粉底是最为常用的调整皮肤色调和增强面部立体感的化妆品。粉底基本成分是油脂、水分以及颜料等。油脂和水分是粉底不可缺少的基本成分，它可以使皮肤滋润、柔软，并具有一定的遮盖性。颜料的多少决定粉底的颜色。根据"水分"、"油分"的比例不同，粉底可分为乳液状粉底和膏状粉底。根据用途的不同，还有做特殊处理的遮瑕膏、抑制色。

1. 乳液状粉底（图 A、图 B）

乳液状粉底又分液体型粉底和湿粉状粉底。液体型粉底（图 A）油脂含量少，水分含量较多，比其他种类粉底更能充分地表现出水的性质，化妆后显得温润、娇嫩、自然，适合于干性皮肤和淡妆使用。湿粉状粉底（图 B）的油脂含量比液体型粉底多，有一定的遮盖性，能充分显示皮肤的质感，适用于干性、中性皮肤和影视妆。

图 A　　　　　　　　　　　　　　　图 B

2. 膏状粉底（图C）

此类型粉底外观一般呈管状又称粉条，油脂含量较多，具有较强的遮盖力，可赋予皮肤光泽和弹性。适用于面部瑕疵过多及浓妆；其妆面效果可使皮肤显得有青春、有活力。

图 C

乳液状粉底、膏状粉底使用方法：借助于海绵或手指将粉底涂于面部五点顺着肌肉的生长方向以按印法、点拍法、平涂法均匀涂开。

3. 遮瑕膏（图D）

遮瑕膏是一种特殊的粉底，成分与膏状粉底相似，其质地较膏状粉底更细腻些，主要用于一般粉底掩饰不住的黑痣、色斑等较重的瑕疵。

图 D

4. 抑制色

使用抑制色，主要是利于补色的原理来减弱面部的晦暗、蜡黄色以及脸色不自然的红调，起协调肤色、增加皮肤的红润及白嫩感的作用。如肤色偏红的部位用绿色抑制色（图G），一些偏晦暗或蜡黄可用紫色抑制色（图F），面色苍白的用红色抑制色，缺乏光泽的皮肤选用米色抑制色（图E）。

使用方法：抑制色、遮瑕膏在涂底色前使用。

图 E   图 F   图 G

知识点测试

一、填空题

1. 膏状粉底一般呈_____，又称粉条，油脂含量_____，具有_____，可赋予皮肤_____和_____。

正确答案：管状、较多、较强的遮盖力、光泽、弹性。

试题分析：膏状粉底在美容化妆中使用是最为频繁的，我们要掌握它的特点和作用。

2. 遮瑕膏主要用于一般_____掩饰不住的_____、_____等较重的瑕疵。

正确答案：粉底、黑痣、色斑。

试题分析：遮瑕膏是一种特殊的粉底，它粉质含量较高，遮盖力极强，不能面部大面积的使用，主要用于面部较明显的瑕疵。使用时应以点拍状，注意边缘与粉底的衔接。

3. 抑制色，主要是利于_____的原理来减弱面部的_____、_____以及脸色不自然的_____，起协调肤色、增加皮肤的红润及白嫩感的作用。

正确答案：补色、晦暗、蜡黄色、红调。

试题分析：在化妆中抑制色是不可缺少的化妆产品，它可以调整不好的皮肤颜色，提高粉底的修饰效果，使皮肤看起来健康红润。

二、判断题

1. 乳液状粉底适合干性皮肤及淡妆使用。   正确的答案是：对

试题分析：乳液状粉底油脂含量少，水分含量较多比其他种类的粉底更能充分地表现水的性质，化妆后更显得湿润、自然，但是相比较遮盖力较弱，所以比较合适干性及淡妆使用。

2. 遮瑕膏使用在粉底之后。   正确的答案是：错

试题分析：遮瑕膏是用来遮盖面部比较明显的瑕疵，也是在直接涂粉底达不到遮盖效果时使用的一种产品，它使用在粉底之前，将比较突出的瑕疵遮盖的不明显后，才能使用粉底进行二次调整。

3. 紫色的抑制色适合发红的皮肤。 正确的答案是：错

试题分析：紫色抑制色本身就含有红的颜色，不能在使用在泛红的皮肤上，紫色适合皮肤暗黄苍白的皮肤上，利用补色原理来调整面部色调。发红的皮肤应使用绿色的抑制色来调整面部色调。

4. 粉底可直接使用在皮肤上，不需要用任何工具。 正确的答案是：错

试题分析：粉底可以借助工具来进行涂抹，我们常用的粉底工具有粉底海绵，它有圆形、三角形或是菱形等海绵块。使用时既卫生又便捷。

5. 粉底的成分主要由油脂、水及颜料组成。 正确的答案是：对

试题分析：我们要了解粉底的主要成分，因为主要成分比例的不同，决定着粉底的不同状态，不同的状态适用于不同的皮肤及妆型使用，所以我们要对粉底成分有一定的了解。

三、简答题

1. 粉底的种类。

参考答案：乳液状粉底（液体型、湿粉型）、膏状粉底、遮瑕膏、抑制色（米白色、紫色、绿色）

试题分析：掌握和学习粉底的种类是本知识点主要内容，只有了解了粉底的种类才能更好地使用粉底来进行化妆造型。

2. 乳液状及膏状粉底的使用方法。

参考答案：乳液状粉底、膏状粉底使用方法：借助于海绵或手指将粉底涂于面部五点或顺着肌肉的生长方向以按印法、点拍法、平涂法均匀涂开。

试题分析：在化妆造型中，产品的使用技巧至关重要，我们要将基础打好就要从最简单粉底的涂抹方法入手。妆面干不干净、层次是否立体都是粉底的作用，所以掌握粉底的涂抹方法非常重要。

二、蜜粉

（一）蜜粉的种类

蜜粉也称干粉或碎粉，为颗粒细致的粉末，主要分为以下三类：

1. 亚光蜜粉。
2. 珠光蜜粉。
3. 透明蜜粉。

具体来说：

1. 亚光蜜粉

常见的亚光蜜粉颜色：

自然色、象牙色、浅肤色、浅粉色、亮肤色、暗肤色等。

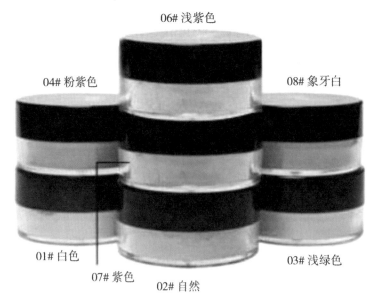

06# 浅紫色

04# 粉紫色

08# 象牙白

01# 白色

07# 紫色

02# 自然

03# 浅绿色

2. 珠光蜜粉

一般用于特殊造型化妆，也常用于舞台表演妆，粉质细腻，内含珠光细小颗粒。使用后皮肤有金属般的光泽。

3. 透明蜜粉

透明蜜粉跟亚光蜜粉相似，只是使用在皮肤上没有什么颜色，没有遮盖作用，但是能吸收面部多余的油脂，有定妆的作用。

（二）蜜粉的使用方法

在化妆中涂抹了几乎全是液体状的底霜和粉底液之后，轻轻扑上的少量蜜粉，就可以起到定妆作用。

1. 用按压的手法，大面积上妆，少量上粉。用粉扑蘸取蜜粉后，先将粉扑相互揉按，使蜜粉均匀服帖在粉扑上减少浮粉，然后用按压的手法，按在已经完成底色的妆容上。切忌用涂抹的方式，这会弄花底色妆容。

2. 借助粉扑将蜜粉拍按在皮肤上后，再用粉刷刷掉浮粉。

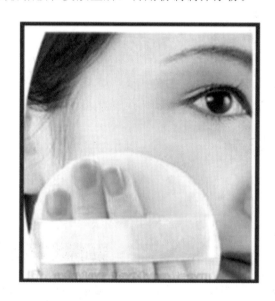

知识点测试

判断题

1. 化浓妆时，蜜粉可使用在最后。　　　　　　　　　　正确的答案是：错

试题分析：在化浓妆时，使用的粉底是膏状粉底，它含有大量的油脂，使皮肤摸起来黏黏的，眼影及腮红都不能均匀晕染，所以一定要使用蜜粉缓解面部的油光，起定妆的作用。

2. 蜜粉具有吸收油光的作用。　　　　　　　　　　　　正确的答案是：对

试题分析：蜜粉是粉质的化妆品，它能缓解面部多余的水分及油光，使妆面自然协调。

3. 蜜粉有定妆的作用。　　　　　　　　　　　　　　　正确的答案是：对

试题分析：蜜粉是粉质的化妆品，它能缓解面部多余的水分及油光，使粉底和面部皮肤衔接更紧密，使妆面自然协调

4. 常用的蜜粉有亚光蜜粉、珠光蜜粉、透明蜜粉三种。　正确的答案是：对

试题分析：在化妆中常用的粉底就是亚光蜜粉、珠光蜜粉、透明蜜粉三种，我们应了解不同的蜜粉在化妆中不同的应用方法。

三、眼影

（一）眼影

眼影是加强眼部立体效果、修饰眼形以衬托眼部神采的化妆品，其色彩丰富，品种多样常用的眼影分为眼影粉、眼影膏两种。

眼影粉为粉块状，其粉末细致、色彩丰富，分珠光眼影和亚光眼影，含珠光的浅色眼影粉也可作为面部提亮。

眼影粉的使用方法

使用方法：珠光眼影可起到特殊的装饰作用，通常用于局部点缀；亚光眼影较适合东方人的眼形使用，不显浮肿的眼睛。使用时，根据妆型设计及眼部晕染部位和眼形条件的不同，选用不同颜色的眼影粉，在定妆之后，用眼影刷对眼睑进行晕染。

（二）膏状眼影

膏状眼影是由油脂、蜡和颜料配制而成。膏状眼影的外观和包装与唇膏相似，是现在比较流行的眼用化妆品。它的色彩不如眼影粉丰富，但涂后给人以光泽、滋润的感觉。

眼影膏的使用方法

使用方法：在涂完粉底后，定妆前直接用手指或眼影刷涂抹于眼部皮肤。

知识点测试

一、填空题

1. 眼影膏是由_____、_____和_____配制而成。

正确答案：油脂、蜡、颜料。

2. 珠光眼影可以起到特殊的_____作用。

正确答案：装饰

3. 亚光眼影比较适合_____人显_____的眼睛。

正确答案：东方、浮肿。

试题分析：亚光眼影是我们化妆中最常用的化妆品，它颜色丰富质感细腻，在晕染过程中层次过度自然，我们可选用深色或咖色，利用色彩视觉效果减轻眼睛浮肿现象。

二、判断题

1. 眼影是用来修饰眼部的化妆品。　　　　　　　　　正确的答案是：对

试题分析：眼影是眼部化妆不可缺少的化妆用品，眼睛通过它的修饰来塑造不同的造型风格。

2. 常用的眼影粉有 3～4 种。　　　　　　　　　　正确的答案是：错

试题分析：在我们生活中，常用的眼影产品多为 2 种形态，一种是粉状的眼影粉；一种是膏状的眼影膏。

3. 眼影粉为粉块状，其粉末细致、色彩丰富。　　　正确的答案是：对

试题分析：眼影粉是专业化妆中最为常用的一种化妆品，它上色均匀，层次过渡自然，色彩丰富，可以满足我们化妆需求。

4. 含珠光浅色眼影不能作为面部提亮。　　　　　　正确的答案是：错

试题分析：含珠光浅色眼影可以为面部做提亮的作用来增加面部的立体感。一般我们会用在额部、鼻梁、下颌、眉骨处。

三、简答题

眼影粉的使用方法。

参考答案：使用方法：珠光眼影可起到特殊的装饰作用，通常用于局部点缀；亚光眼影较适合东方人的眼形使用，不显浮肿的眼睛。使用时，根据妆型设计及眼部晕染部位和眼形条件的不同，选用不同颜色的眼影粉，在定妆之后，用眼影刷对眼睑进行晕染。

试题分析：在化妆造型中，化妆师对化妆品的掌握和使用是化妆师必备的技能之一。只有熟练的使用各种化妆产品才能学习更深一步的化妆知识。眼影粉的涂抹技巧更是化妆师学习化妆的基础。

四、眼线饰品

眼线饰品是进行睫毛线描画的化妆品，以调整和修饰眼形，增强眼部的神采。描画睫毛线的产品种类较多，主要有：眼线液、眼线粉（膏）、眼线笔。

（一）眼线液

眼线液为半流动状液体，配有细小的毛刷。用眼线液描画睫毛线的特点是上色效果好，但操作难度较大。

眼线液的使用方法

使用方法：用毛刷蘸眼线液后，沿睫毛根描画。描画时，手要稳，用力要均衡。

（二）眼线粉（膏）

眼线粉（膏）为块状，其最大的特点是晕染层次感强，上色效果好，不易脱妆。

眼线粉的使用方法

使用方法：用细小的化妆刷蘸水后，再蘸取眼线膏（粉）沿睫毛根进行描画。

（三）眼线笔

眼线笔外形如铅笔，芯质柔软。特点是易于描画，效果自然。

眼线笔的使用方法

使用方法：用眼线笔沿睫毛根部直接描画即可。

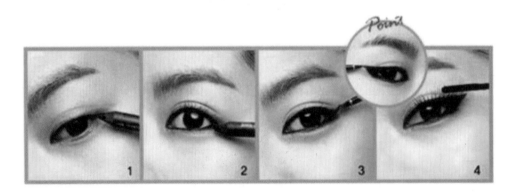

知识点测试

判断题

1. 眼线饰品是用来调整眼形的化妆品。   正确的答案是：对

试题分析：在美容化妆中，眼线的修饰是非常重要的，它可以调整不标准眼形，

增强眼部神采。

2. 眼线液上色效果一般，不好操作。 正确的答案是：错

试题分析：眼线液是眼线饰品中上色最快的一个产品，由于形态是液体，通过细小毛刷涂在睫毛根，上色快、颜色比较纯正，但是操作起来有一定的难度，需要手稳、力度使用均匀。

3. 眼线饰品的种类有睫毛液、眼线笔、睫毛膏。 正确的答案是：错

试题分析：化妆中常用眼线饰品的种类有眼线液、眼线粉、眼线膏、眼线笔。

4. 眼线应沿着睫毛根部描画。 正确的答案是：对

试题分析：眼线我们又称睫毛线，顾名思义，我们要将眼线描画在睫毛的根部。

五、睫毛膏

用于修饰睫毛的化妆品。运用睫毛膏可使睫毛浓密，增加眼部神采与魅力，使睫毛的色彩更丰富，可分为无色睫毛膏、浓密睫毛膏、加长睫毛膏等多种。

02# 细头　　　　　　01# 粗头

（一）无色睫毛膏

无色睫毛膏多有定型、防水、滋养睫毛的作用，防水睫毛膏必须使用在睫毛非常干净、干燥的状态；而定型睫毛膏的功能仅仅是美化睫毛而已。

（二）浓密睫毛膏

浓密型睫毛膏是睫毛膏与滋养功能合并，添加胶原蛋白、维生素 E 等成分，可滋养睫毛并促进睫毛生长。更新一代产品强调修护作用，加入角质素、麦拉宁色素或羊毛脂成分，赋予睫毛弹性并抗紫外线的照射。

（三）加长睫毛膏

加长型睫毛膏加长型睫毛膏是较早的睫毛膏产品，是具有增长效果的睫毛膏，在成分中添加了纤维，减少了凝胶和蜡的比例，比较适合睫毛稀疏短少的女性。

睫毛膏的使用方法

使用方法：先将睫毛夹放在睫毛根部，夹紧睫毛，并微微上翘，停留 2 分钟，然后将睫毛夹向睫毛尖部移动，每隔 5 毫米，夹紧睫毛，停留 2 分钟，直至睫毛尖部；涂上眼睫毛时，将睫毛刷与眼睛平行，从上眼睑内侧开始，一根一根地涂眼睫毛；涂下眼睫毛时，将睫毛刷与鼻子平行，用刷尖一根一根地涂下眼睫毛。外眼角多涂一些，这样可以使眼睛显得更大。睫毛一定要一根一根分开，不能粘在一起。粘在一起的睫毛很难看，如果粘在一起，可以用睫毛刷把它们刷开。

知识点测试

判断题

1. 常用的睫毛膏有无色睫毛膏、加长睫毛膏、浓密睫毛膏。 正确的答案是：对

试题分析：常用的睫毛膏有无色睫毛膏、加长睫毛膏、浓密睫毛膏三种，我们可以根据化妆需要选择不同的睫毛膏。

2. 睫毛膏是用来修饰睫毛、加强眼部神采的化妆品。 正确的答案是：对

试题分析：眼部修饰包括眼影、眼线、睫毛三个部分，睫毛膏是加强眼部神采的化妆品。

3. 睫毛膏使用时应先夹翘睫毛再涂抹睫毛膏。 正确的答案是：对

试题分析：睫毛的自然生长是向下的，为了美观我们要将睫毛本身夹翘再涂抹睫毛膏，可使眼睛看起来更有神、更明亮，使睫毛显得浓密。

六、眉笔

（一）眉笔

描画眉毛的工具，为铅笔状，颜色有黑色、棕色、灰色。年轻人比较适合黑色眉笔有活力，年龄大的比较适合灰色的眉笔自然柔和，棕色适合任何女性。

（二）眉笔的使用方法

使用方法：用眉笔在眉毛上描画，力度要均匀，描画要自然柔和，体现眉毛的质感。

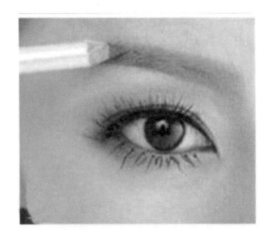

知识点测试

填空题

常用化妆中，眉笔的颜色有 _____、_____、_____ 三种。

正确答案：黑色、灰色、棕色。

试题分析：在化妆中，眉部是面部五官之一，它有着重要的调节面部比例及美化容貌的作用。眉色是根造型要求选择的，也可有金色、紫色等特殊颜色。

七、胭脂

胭脂是用来修饰面颊的化妆品。它可以矫正脸形，突出面部轮廓，统一面部色调，使肤色更加健康红润。常用的胭脂可分为粉状、膏状两种，美容化妆常用粉状胭脂。

（一）粉状胭脂

胭脂外观呈块状。它含油量少，色泽鲜艳，使用方便，适用面广。使用方法：在定妆之后，用胭脂刷涂于颧骨附近。

粉状胭脂的使用方法

使用方法：在定妆之后，用胭脂刷涂于颧骨附近。

（二）膏状胭脂

膏状胭脂：外观与膏状粉底相似，它能充分体现面颊的自然光泽，特别适合干性、衰老皮肤和透明妆使用。

膏状胭脂的使用方法

使用方法：在定妆之前，用手或化妆海绵涂抹于颧骨附近。

知识点测试

填空题

1. 胭脂分为_____和_____胭脂。

正确答案： 粉状胭脂、膏状。

试题分析： 胭脂又称腮红，化妆中常用的胭脂有粉状和膏状胭脂两种。

2. 胭脂是用来_____的化妆品。

正确答案： 修饰脸形

试题分析： 在美容化妆中胭脂是修饰脸形的主要化妆品，它能调整脸形、矫正轮廓的不足。

3. _____外观与膏状粉底相似，它能充分体现面部的光泽。

正确答案： 膏状胭脂

试题分析： 膏状胭脂有较强的滋润作用，比较适合干性、衰老性皮肤使用。

八、唇膏

唇膏是所有彩妆化妆品中颜色最丰富的一种。它是用于强调唇部色彩及立体感。具有改善唇色、调整、滋润及营养唇部的作用。唇膏按其形状划分，有棒状、软膏状、唇彩三种。

（一）棒状唇膏

此种唇膏使用较为广泛，易于携带，使用方便。

（二）软膏状唇膏

这种唇膏一般放在盒中，最大的特点是可以随意进行颜色的调配，是专业化妆师的首选。

棒状、软膏状唇膏的使用方法

棒状、软膏状唇膏的使用方法：用唇刷将唇膏涂于唇线以内的部位。涂抹要均匀，薄厚要适中。

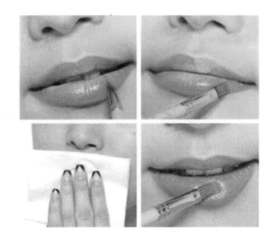

（三）唇彩

使用唇彩可以突出唇部的立体感。唇彩质地细腻，光泽柔和，颜色自然，使用后会使唇部显得润泽，一般和唇膏配合使用。

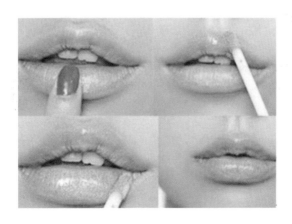

唇彩的使用方法

使用方法：用唇刷将唇彩涂于画好的唇部中央。

知识点测试

判断题

1. 常用唇膏种类有棒状唇膏、软膏状唇膏及唇彩三种。   正确的答案是：对

试题分析：化妆中常用的唇膏种类有三种，一般我们会把唇彩配合棒状唇膏使用，淡妆时我们也可直接使用唇彩或是软膏状唇膏。棒状唇膏色彩丰富上色较好，可用于浓妆。

2. 唇膏是修饰唇部的化妆品。   正确的答案是：对

试题分析：唇膏是修饰唇部的主要化妆品，它有改变唇色及唇形的作用。

3. 唇彩不可直接用于唇部。   正确的答案是：错

试题分析：唇彩是最近几年非常流行的一种唇部化妆品，它操作简便，涂抹简单，可直接用于唇部或是配合棒状唇膏使用，效果很好。

九、唇线笔

（一）唇线笔

唇线笔外形如铅笔，芯质较软，用于描画唇部的轮廓线。唇线笔配合唇膏使用，可以增强唇部的色彩和立体感。

（二）唇线笔的选择

选择唇线笔的颜色时应注意与唇膏属于同一色系，且略深于唇膏色，以便使唇线与唇色协调。

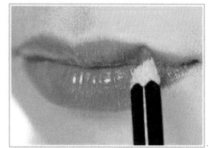

（三）唇线笔的使用方法

使用方法：用唇线笔根据模特的条件，描画出理想的唇型。

1. M 型线条是唇形完美的重点。在唇峰的 M 线部分，用裸金色唇线笔，顺着 M 型修饰，制造明亮的嘟唇效果。

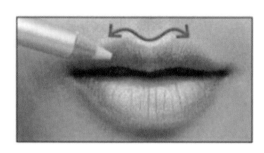

2. 在下唇的中央，用裸金色唇线笔以左右来回方式先描绘出下唇型，并涂满整个下唇中央，强调出丰唇的效果。

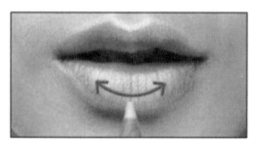

3. 有的人唇边较深，可以做唇边的修饰。（由嘴角往下或往上中央延伸）勾唇边，呈现中间丰盈饱满。

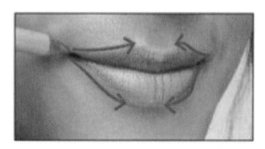

4. 顺着唇形，均匀以唇笔蘸取唇膏涂满。最后在下唇的中央点上带有珠光宝石效果的唇蜜。

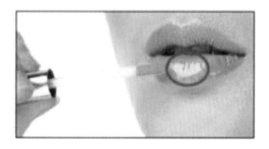

第三节　常用粉饰类化妆工具及应用

内容提要

　　本节主要是讲解化妆材料种类的选择及使用，粉扑的选择及使用，面部常用修饰刷，眼睛常用修饰刷，唇部常用修饰刷，修饰眼睛的用品及用具。化妆材料及工具是化妆中不可缺少的辅助用具，正确合理地配合化妆品使用才能创造出优美的造型设计。

一、常用化妆材料的种类、选择与使用

常用化妆材料有纸巾、化妆海绵、棉棒、棉片。分述如下：

（一）纸巾

纸巾用于净手、擦笔、吸汗及吸去面部多余的油脂、卸妆等。纸巾应选择质地柔软、吸附力强的面巾纸。

纸巾卸妆的方法

1. 先将卸妆油均匀涂满面部。
2. 将纸巾叠成六七厘米宽的正方形。
3. 用食指、无名指绕中指夹住纸巾。
4. 从额头开始顺着肌肉的生长方向拉抹至发际线。
5. 眼睛周围及唇部周围呈环形拉抹。

（二）化妆海绵

1.化妆海绵又称粉底海绵，用于涂底色。用质地细密的海绵涂底色，既均匀又卫生，而且柔软舒适。为了使粉底与皮肤充分融合在一起，要求海绵富有弹性。海绵按其形状有三角形、圆形、菱形三种。其中菱形海绵涂底色效果最好，其平坦的一面可用于基础底色的涂抹，尖的部位可用于提亮和鼻部细小部位的涂抹。

2.粉底海绵的使用方法：将用拇指、食指、中指夹住。然后海绵将粉底涂顺着肌肉的生长方向以按印法、点拍法、平涂法均匀涂抹。

（三）棉棒

棉棒是化妆时擦净细小部位的最理想的用品。

棉棒的使用方法：如涂眼影、睫毛液等时，常常会因不小心或是巧术不熟练而弄脏妆面，用棉棒进行擦拭，会取得良好的效果。

二、粉扑的选择与使用

（一）化妆用具

为了能达到更好的化妆效果，需要选择一些常用的化妆用具。目前常用的化妆用具种类繁多，这里分别介绍各种化妆用具的用途、性能及特点。

（二）粉扑

粉扑是扑按蜜粉的定妆用具，也是化妆基本步骤最先使用的化妆工具。在选用时，要选择纯棉且棉质细密的粉扑。

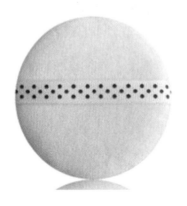

（三）粉扑的使用方法

使用：用一个粉扑蘸上蜜粉，与另一个粉扑相互揉擦，使蜜粉在粉扑上分布均匀，再用粉扑扑按皮肤。另外，为了避免美容师的手蹭掉化妆对象脸上的妆，美容师化妆时应用手的小拇指套上粉扑进行描画，这样手指不直接接触面部，以避免破坏妆面。

三、面部修饰常用刷

（一）化妆工具与修饰类化妆品

化妆工具与修饰类化妆品是完成人物化妆造型的基础条件，二者相辅相成，缺一不可，它们具有同等重要的地位。因此，在学习化妆造型技巧之前，要对有关的化妆用具加以了解，从而在化妆实践中得心应手，运用自如。

（二）面部常用修饰刷

面部常用的修饰刷主要是用来修饰面部轮廓、调整面部五官比例、增强面部立体感的主要套刷工具。面部常用修饰刷主要包括：掸粉刷、轮廓刷、亮粉刷、胭脂刷。

1. 掸粉刷

用来扫去脸上多余的浮粉，是化妆刷中最大的一种毛刷，其质地柔和，不刺激皮肤。此外，还有一种刷头呈扇形的粉刷，用于下眼睑、嘴角等细小部位。

掸粉刷的使用方法

在定妆后用刷子的侧面轻轻将浮粉掉去。

2. 亮粉刷

亮粉刷是在额头、鼻梁、下颏等部位涂抹亮色化妆粉或是眼部涂亮色眼影时使用的刷子。

应选用宽度在1cm以上的眼影刷。

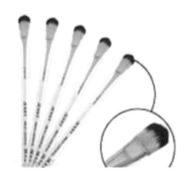

亮粉刷的使用方法

化妆后，为了强调立体感，将白色及明亮的米色涂于需要修饰的部位。常用于额、眉骨、颧骨、鼻梁、下颏处。

3. 轮廓刷

轮廓刷用于外轮廓修整。可以选择刷毛较长且触感轻柔、顶端呈椭圆形的粉刷。

轮廓刷的使用方法

蘸阴影色，在面部的外轮廓及需显凹陷的部位进行涂刷和晕染。

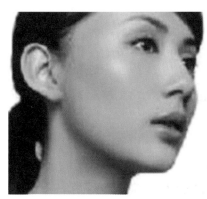

4. 胭脂刷

用于涂颊红的用具。胭脂刷需要用富有弹性、大而柔软、用动物毛制成的前端呈圆弧状的刷子。

胭脂刷的使用方法

用胭脂刷蘸上胭脂由鬓角处沿颧骨向面颊轻扫；或是从颧骨处向发鬓均匀晕染，主要根据造型要求来定。

要求理解的内容

1. 了解在美容化妆中面部轮廓修饰刷的重要性，化妆工具一定要结合化妆品使用，完成它们的作用。并熟练的掌握它们的使用技巧。

2. 毛刷的选择：面部修饰刷都是比较大的毛刷，在选择时应选用大一点、毛刷松软、富有弹性、制作精良的动物毛刷，毛质要纯正，不易掉毛。

3. 化妆刷的保养：每两周用洗洁精清洗一次，清洗时只洗毛刷，顺着笔毛进行拍打，切勿刷抹，防止变形，洗净后平放阴干。

课堂练习

1. 结合常用粉饰类化妆品练习面部常用修饰刷的使用方法。

2. 学生 2 人一组练习

知识点测试

一、填空题

1. 毛刷应_____清洗一次，清洗时应选用_____作为清洁剂。

正确答案：两周、洗洁精。

试题分析：毛刷使用得是否得当，离不开毛刷的日常保养，我们要正确地保养刷子，延长刷子的使用寿命，保证在使用中不出现掉毛、开叉等现象。

2. 毛刷清洗好后应_____、_____防止毛刷变形。

正确答案：平放、阴干。

试题分析：毛刷多是动物毛制成，它有动物毛的特性，所以我们要仔细保养，在清洁后应当要平放、阴干，防止毛刷变形。

3._____用于外轮廓修整。可以选择_____且触感轻柔顶，顶端呈_____的粉刷。

正确答案：轮廓刷、毛刷较长、椭圆形。

试题分析：轮廓刷是面部调整时最常用的工具之一，它柔软舒适配合，暗影可矫正面部轮廓。

二、判断题

1. 胭脂刷应选用毛质较硬易上色的刷子。 正确的答案是：错

试题分析：胭脂刷，在选择时要选择毛质柔软、弹性好的动物毛刷，不能选择刷质较硬的，这会破坏胭脂并损伤皮肤。

2. 轮廓刷是用来打暗影修饰面部轮廓的刷子。 正确的答案是：对

试题分析：轮廓刷主要是用来蘸阴影色，在面部的外轮廓及需显凹陷的部位进行涂刷和晕染。面部可以通过暗影的涂抹调整面部立体感。

3. 掸粉刷是比较细小的毛刷。 正确的答案是：错

试题分析：掸粉刷是用来扫去脸上多余的浮粉，是化妆刷中最大的一种毛刷，其质地柔和，不刺激皮肤。

4. 掸粉刷只能使用在额部皮肤。 正确的答案是：错

试题分析：掸粉刷主要是扫去面部各个部分的浮粉，还有一种刷头呈扇形的粉刷，用于下眼睑、嘴角等细小部位。所以它可以使用在整个面部。

四、眼部修饰常用刷

眼睛常用的修饰刷主要是用来修饰眼睛轮廓、调整眼形、增强眼睛立体感的主要套刷工具。眼睛常用修饰刷主要包括：眼影刷（大、中、小）、海绵头、眼线刷。

（一）眼影刷

为毛质眼影刷，分为大、中、小的不同型号。它们都是眼部修饰用具，毛质眼影刷质量要求较高，应具有良好的弹性。眼影刷要专色专用，应备有几把大小各异的眼影刷。

1. 眼影刷（大）

大号眼影刷我们一般用于涂高光色或是做眼部眼影大面积晕染。也可涂眼睑上的浅色底色。

2. 眼影刷（中）

中号眼影刷是最常用的一款眼部化妆刷子，它既可用于上色，也可作眼影晕染使用。刷子不宽也不窄，可在眼睑上呈环形或水平运动，是眼影层次过度必备的化妆工具。

3. 眼影刷（小）

小号眼影刷在化妆中常用于上色及小面积晕染使用。一般用于紧贴睫毛根处、下眼睑或是特定化妆定位。因为使用面积小，所以上色比较快，而且毛刷柔软不刺激眼睛。

（二）海绵头（棒）

海绵头（棒）要比眼影刷晕染的力度大、上色多。一般我们在化快妆或是日妆经常使用。

使用时比较简便，只要将蘸好颜色的海绵头，从内眼角沿着睫毛根部向上向外慢慢均匀涂开就好。但要注意颜色的过渡自然。

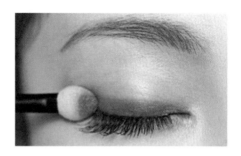

（三）眼线刷

用来描画睫毛线的化妆用具。眼线刷是化妆套刷中最细小的毛刷。一般有两种，一种为圆形尖细；一种为扁形小头毛刷。使用时配合眼线膏、眼线粉等化妆品，沿着睫毛根部描画眼部形状。

知识点测试

一、填空题

1. 海绵棒要比眼影刷晕染的_____、_____。

正确答案：力度大、上色多。

试题分析：海绵棒是使用方便的一种眼影涂抹工具，它操作简便，易于携带，在使用时比眼影刷上色更快，一般用于快妆或日妆。

2. 小号眼影刷在化妆中常用于_____及_____使用。

正确答案：上色、小面积晕染。

试题分析：小号眼影刷在化妆中常用于上色及小面积晕染使用。一般用于紧贴睫毛根处、下眼睑或是特定化妆定位。

二、判断题

1. 大号眼影刷主要是用来眼影上色的。 正确的答案是：错

试题分析：大的眼影刷我们一般用于涂高光色或是做眼部眼影大面积晕染。也可涂眼睑上的浅色底色。

2. 眼线刷是用来涂抹眼线膏或是眼线粉的化妆工具。　　　　正确的答案是：对

试题分析：眼线刷是用来描画睫毛线的化妆用具。使用时配合眼线膏、眼线粉等化妆品，沿着睫毛根部描画眼部形状。

3. 常用的眼影刷可以用纤维刷来代替。　　　　　　　　　正确的答案是：错

试题分析：眼影刷是不能使用纤维来代替的，因为眼睛是比较脆弱的部位，我们要选用柔软动物毛制成的刷子。

五、唇部、眉部修饰常用刷

（一）唇刷

用于涂唇膏的化妆用具。唇刷最好选择顶端刷毛较平的刷子。这种形状的刷子有一定的宽度，刷毛较硬但有一定的弹性，既可以用来描画唇线，又可以用来涂抹全唇。

唇刷的使用方法

用唇刷蘸取唇膏，均匀涂抹于整个唇部。

（二）眉部常用修饰刷的种类

1. 普通眉刷

用于描画眉毛的用具。刷头呈斜面状，毛质比眼影刷略硬。用眉刷画眉毛比较柔和。

2. 眉梳

眉梳是双面的刷子，一面是小梳子，一面是较硬的排刷形，它是用来梳顺杂乱眉毛、使眉色过渡自然的一种工具。

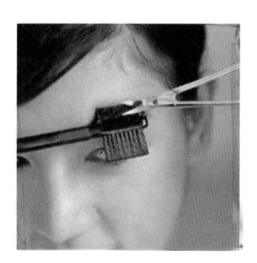

3. 螺旋刷

螺旋刷是一种质地较硬的纤维毛刷，它的特点是既可以梳顺眉毛，去除眉上多余的颜色，使眉色柔和、过渡自然；也可以用来梳理睫毛。

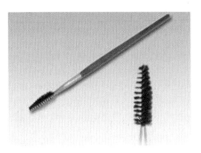

知识点测试

简答题

1. 眉梳的定义。

参考答案：眉梳是双面的刷子，一面是小梳子，一面是较硬的排刷形，它是用来梳顺杂乱眉毛、使眉色过渡自然的一种工具。

试题分析：眉梳是眉部修饰的主要工具，它可以梳理杂乱的眉毛，整理眉形。

2. 螺旋刷的定义。

参考答案：螺旋刷是一种质地较硬的纤维毛刷，它的特点是既可以梳顺眉毛，去除眉上多余的颜色使眉色柔和、过渡自然，也可以用来梳理睫毛。

试题分析：螺旋刷也是眉部的主要修饰工具，它在眉梳的基础上进一步的梳理眉毛，并可去除眉毛上多余的颜色，使眉色过渡自然。

3. 唇刷的选择。

参考答案：唇刷最好选择顶端刷毛较平的刷子。这种形状的刷子有一定的宽度，刷毛较硬但有一定的弹性，既可以用来描画唇线，又可以用来涂抹全唇。

试题分析：唇刷质量的好坏是保证唇部化妆质量的主要条件，所以我们要掌握唇刷的选择方法，画出理想唇型。

六、修饰眼睛的用品及用具

（一）化妆中修饰眼睛的用品用具

1. 美目贴

美目贴是矫正眼形的化妆用品，是带有黏性的透明胶纸，其通过粘贴，可改变双眼睑的宽度，也可矫正下垂松弛的上眼睑。美目贴为透明或半透明的卷状胶带。

美目贴的使用方法

（1）准备工具，美目贴、剪刀、镊子。

（2）剪取约 2.5cm 长的胶带，粘在食指与中指间并撑开。

（3）由边缘下手剪出圆弧形，高约为 1/4 胶带宽度，长度恰巧是两指间距离。（之后可以根据个人眼形再做修剪）

（4）粘附在剪刀口的眼形贴，因为面积小，用夹子尖端较容易取下，另外也能避免手指污染。

（5）拿夹子夹住胶带尾端，另一端贴在比眼尾稍微往内的地方，高度为想要的双眼皮宽度，而后用手指压住贴上的胶带尾端。

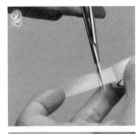
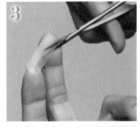

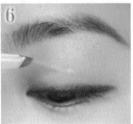

2. 假睫毛

假睫毛可以增加睫毛的浓度和长度，为眼部增添神采。假睫毛一般有完整型和零散型两种：完整型是指呈一条完整睫毛形状的假睫毛，适用于浓妆；零散型是指两根或几根组成的假睫毛束适合局部睫毛残缺的修补，也适合淡妆中睫毛的修饰。

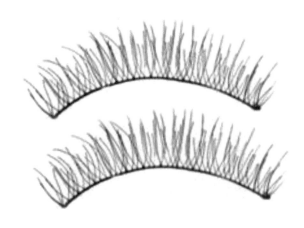

假睫毛的使用方法

（1）先选择合适妆型的假睫毛，并修剪成合适的长度。使用睫毛夹夹翘睫毛。

（2）将假睫毛向内轻折加强睫毛弧度，并涂上专用胶水。

（3）用镊子夹住涂好胶的假睫毛，轻轻地放在紧贴睫毛根的部位，轻推，使假睫毛和真的睫毛很好地融合并涂上睫毛膏，使睫毛自然上翘。

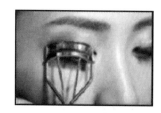

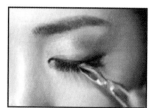

3. 睫毛夹

睫毛夹是用来卷曲眼睫毛的用具。睫毛夹夹缝的圆弧形与眼睑的外形相吻合，使睫毛被严压后向上卷翘。在选购时，应检查橡皮垫和夹口咬合是否紧密，如夹紧后仍有细缝则无法将睫毛夹住。睫毛夹松紧要适度，过紧则会使睫毛不自然。

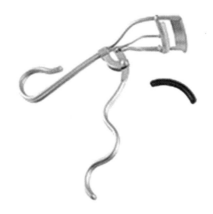

睫毛夹的使用方法

先将睫毛置于睫毛夹啮合处，再将睫毛夹夹紧。操作时从睫毛根部、中部和梢部分别加以弯曲。睫毛夹固定在一个部位的时间不要太长，以免使弧度太过而显生硬。

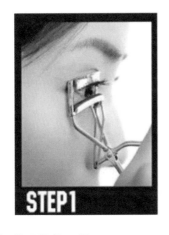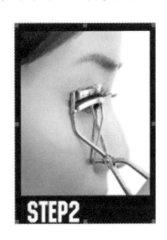

（二）眉部常用修饰工具

1. **修眉镊**

用于拔除杂乱的眉毛，将眉毛修成理想眉形的用具。在选用时我们应该选择医用平口或是斜口的镊子。

2. **修眉剪**

修眉剪是用于修剪眉毛及假睫毛的用具。

3. 修眉刀

修眉刀用于修整眉形及发际处多余的毛发。

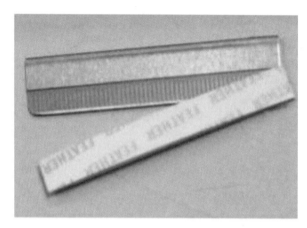

要求理解的内容

了解在化妆中，化妆工具是不可缺少的辅助工具，它来帮助我们完成整个妆面造型。我们要熟练操作美目贴、假睫毛、睫毛夹及眉部修饰的各种工具，掌握其操作技巧。

知识点测试

简答题

1. 简述美目贴使用方法。

参考答案：①准备工具：美目贴、剪刀、镊子。②剪取约2.5cm长的胶带，粘在食指与中指间并撑开。③由边缘下手剪出圆弧形，高约为1/4胶带宽度，长度恰巧是两指间距离（之后可以根据个人眼形再做修剪）。④粘附在剪刀口的眼形贴，因为面积小，用夹子尖端较容易取下，另外也能避免手指污染。⑤拿夹子夹住胶带尾端，另一端贴在比眼尾稍微往内的地方，高度为想要的双眼皮宽度，而后由手指压住贴上的胶带尾端。

试题分析：美目贴是在造型化妆中为了更好地完成化妆效果，作为眼睛修饰不可缺少的一种用品，它可加大双眼睑的弧度，也可以将点眼皮变成双眼皮。所以我们要加强对美目贴的学习和操作。

2. 简述假睫毛的使用方法。

参考答案：①先选择合适妆型的假睫毛，并修剪成合适的长度。使用睫毛夹夹翘睫毛。②将假睫毛向内轻折加强睫毛弧度，并涂上专用胶水。③用镊子夹住涂好胶的假睫毛，轻轻的放在紧贴睫毛根的部位，轻推，使假睫毛和真的睫毛很好地融合并涂上睫毛膏，使睫毛自然上翘。

试题分析：假睫毛是用来增强眼部神采的用品，它可使睫毛看起来浓密、拉长、增强妆面的眼部效果。

3. 简述睫毛夹的使用方法。

参考答案：先将睫毛置于睫毛夹啮合处，再将睫毛夹夹紧。操作时从睫毛根部、中部和梢部分别加以弯曲。睫毛夹固定在一个部位的时间不要太长，以免使弧度太过而显生硬。

试题分析：睫毛夹是使睫毛上翘的一种工具，它的使用直接影响到睫毛的弧度。我们要掌握好它的使用技巧。

4. 简述修眉镊子的选择。

参考答案：修眉镊用于拔除杂乱的眉毛，将眉毛修成理想眉形的用具。在选用时我们应该选择医用平口或是斜口的镊子。

试题分析：用于修正眉形，特点是眉毛清除干净，眉毛生长较缓慢，眉形自然。缺点是在使用时，疼痛感强。

第 三 章
化妆色彩基础知识

学习目标

本章将从色彩的基础知识、色彩的知觉度、化妆常用色彩搭配三个方面入手，让学生在化妆时合理准确地利用色彩来完成各种造型要求，并发挥化妆的扬长避短的基本原则。

内容概述

"形"与"色"是造型艺术的两大基本要素。物体视觉形象的形成，主要取决于物体的形状与色彩。作为化妆师，应当了解色彩基本知识，理解色彩的原理及规律，培养对色彩的美感，学会运用色彩进行造型。

本章总结

本章希望通过对化妆色彩基础知识的学习，认识到化妆离不开对色彩的认识，而色彩与色彩之间的搭配、组合是进行化妆的关键。所以我们要好好学习色彩基础知识、化妆中的色彩搭配等，为化妆造型设计奠定基础，并运用色彩的各种作用达到化妆造型的目的。

第一节　色彩基本知识

内容提要

本节主要从光与色彩关系、光与物体的关系、色彩分类、色彩的三要素四个方面来讲授。学生通过学习色彩基础知识，知道颜色的产生原理、色彩在生活中的作用、化妆离不开色彩的修饰，正确运用色彩的关系。

一、光与色彩的关系

"形"与"色"是造型艺术的两大基本要素。物体视觉形象的形成，主要取决于物体的形状与色彩。作为化妆师，应当了解色彩基本知识，理解色彩的原理及规律，培养对色彩的美感，学会运用色彩进行造型。

色彩是由光的刺激而产生的一种现象，光是发生的原因，色是感觉的结果，认识色彩是由光线—物体—眼睛这样的一个过程。

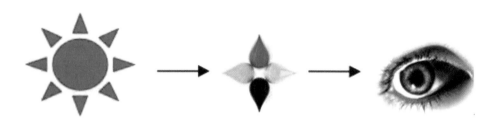

光是一种电磁波。当夜晚关掉灯，房间里就会漆黑一片，因此，可以说没有光就没有色彩的存在。

太阳光和灯光常常感觉是白色的，其实这种白光是由多种颜色组成的。太阳光通过三棱镜可被分解成红、橙、黄、绿、青、蓝、紫七种颜色，成为光谱，它是一种连续性的色带，各色之间是相互融合、渐次变化的，这是太阳的基础色。色带光谱中的任何一种颜色都不可能再次被分解。如果再用凸透镜把七种色光聚拢起来，则又变成白光。这种由七种不同波长的色光混合而成的白光叫复色光，也称复合光。

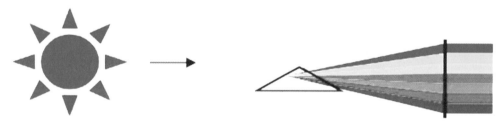

要求理解的内容

光与色彩的关系，有光的存在才会有颜色的产生。

太阳光中有着基础的七色光，所有的颜色组成离不开这七种颜色。

知识点测试

填空题

1. 光是一种＿＿＿＿＿＿。

正确答案：电磁波。

试题分析：要想认识色彩，我们首先要了解光的基本原理，色彩是有了光才能存在的。所以我们先要知道光是什么，光就是一种电磁波。

2. 认识色彩是由＿＿＿＿＿到＿＿＿＿＿到＿＿＿＿＿的过程。

正确答案：光、物体、眼睛。

试题分析：我们要了解光与色彩的关系，那么认识色彩的过程是至关重要的，只有掌握了色彩的产生才能更好地在化妆中合理的运用色彩。

3. 太阳光通过三棱镜可以分成_____光，分别是_____、_____、_____、_____、_____、_____、_____。

正确答案：七种颜色的、红、橙、黄、绿、青、蓝、紫。

试题分析：光谱太阳光通过三棱镜可被分成七种颜色，这七种颜色是基本的所有的颜色都是由这颜色组合变化来的。我们要好好掌握这七种常见的颜色。

二、光与物体的关系

人们能够看到物体的色彩，是由物体经过光的照射所发出、反射或透过的光刺激人们的眼睛所产生的现象。

自然界的物体在阳光的照射下，能显示出不同的颜色，这种视觉现象就是由光的吸收和反射的作用造成的，当太阳光照射在物体上，这种复色光的七种成分，有的被吸收了，有的就被物质反射出来，反射出来的色光传播到人的眼睛时，就感觉到颜色了。由此可见，物体的色彩是由该物体表面所反射出来的光决定的。

1. 例如，太阳光照在红苹果表面，苹果的表皮只反射红色的光，而吸收其他的光色，因此苹果呈红色。

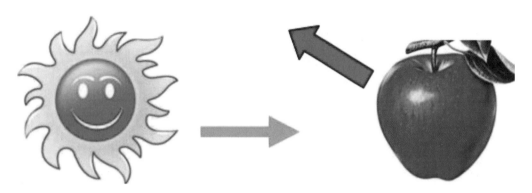

2. 如果某种不透明的物体表面，把七种颜色的光全部反射出来，这个物体表面是白色。

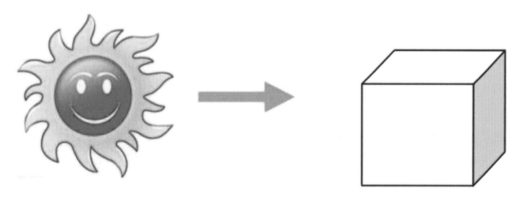

3. 如果一物体表面把白光中的七种色光成分全部吸收了，就呈黑色。

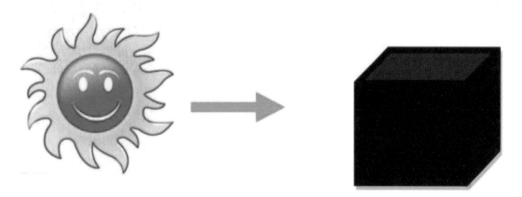

要求理解的内容

通过光的照射，为什么物体可以呈现出不同的色彩，它的形成原理是吸收和反射的作用。

我们可以利用这个作用为我们生活服务。

知识点测试

判断题

1. 人们看到的物体颜色是物体经由光的照射形成的。　　　　　　正确的答案是：错

试题分析：人们看见物体的颜色，是由物体表面吸收和反射的作用形成的。这题只说了照射，是不对的。

2. 物体的色彩是由物体表面反射的光来决定的。　　　　　　　　正确的答案是：对

试题分析：这个物体呈现颜色的原理，当光照射在物体表面时，物体反射了光中的哪种颜色，我们就能通过眼睛看见是哪种颜色。如果全都反射了，那么就是白色；如果全部吸收了那就是黑色。

3. 绿色的植物是由于植物吸收了绿色而形成的颜色。　　　　　　正确的答案是：错

试题分析：色彩的形成是反射了哪种颜色，物体就会呈现哪种，绿色的植物是因为它反射了绿色，而不是吸收了绿色，我们能看见的绿色是因为反射的作用。

三、色彩的分类

色彩有两种分类方法，根据一般惯例，可分为无彩色系和有彩色系两大类。在色环上，将色相分为冷色系、暖色系两大类。

（一）一般惯例的色彩分类

1. 无彩色系

无彩色系是指黑色、白色及深浅不同的灰色。

白	浅灰	中灰	深灰	黑

2. 有彩色系

有颜色系是红、橙、黄、绿、青、蓝、紫以及各色所衍化而产生的其他各种色彩，均属于有彩色系。

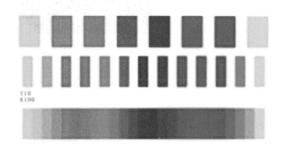

（二）色环中的色彩分类

这种分类是从日常生活中的联想与感觉而来。

1. 冷色系。色环中的蓝、蓝紫等色使人感觉到寒冷，称为冷色。

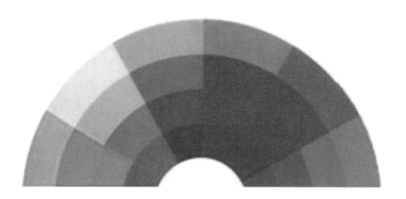

2. 暖色系。色环中的红、橙、黄等色使人感到温暖，因此称为暖色。

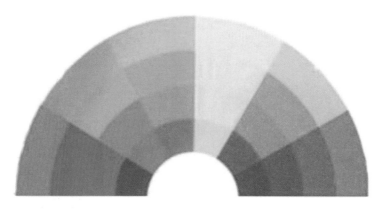

色彩的冷暖不是绝对的，而是相对存在的，同一色相也有冷、暖之分。如柠檬黄与蓝色相比，它是暖色，而与中黄相比则显得较冷。

要求理解的内容

我们的世界是五彩缤纷的，在我们的周围到处都是色彩，通过学习要掌握色彩的分类，了解色的种类。便于在化妆中应用。色彩共有两种分法，我们要了解和掌握它们的不同意义。

知识点测试

简答题

1. 色彩的一般惯例分类是什么？并举例说明。

参考答案：一般惯例色彩可分为：无彩色系、有彩色系；无彩色系是指黑色、白色及深浅不同的灰色。有彩色系是有颜色系的红、橙、黄、绿、青、蓝、紫以及各色所衍化而产生的其他各种色彩，均属于有彩色系。

试题分析：这个内容是本知识点的主要内容，掌握颜色的分类，是学好化妆的基础内容。便于我们在化妆中合理运用色彩的作用，达到造型效果。

2. 色环上颜色的分类是什么？并举例说明。

参考答案：这种分类是从日常生活中的联想与感觉而来。可分为冷色系、暖色系。在色环中的蓝、蓝紫等色使人感觉到寒冷，称为冷色。色环中的红、橙、黄等色使人感到温暖，因此称为暖色。

试题分析：色彩的冷暖感觉是我通过眼睛传递到大脑的一种感觉，不同的颜色有着不同的感觉，我们要了解颜色的这个特性。颜色的冷暖不是绝对的，而是在不同颜色相比较的情况下感受不同的视觉效果。

四、色彩的三要素

要想认识各种不同的色彩，最基本的前提是必须了解色彩的基本要素。每一种色彩都具有三种重要的性质，即色相、明度及纯度，它们被称为色彩的三要素。

（一）色相的定义

所谓色相是指色彩的相貌，是色彩的首要特征，为用以区别不同色彩的最准确的标准。色相的范围相当广泛，光谱上红、橙、黄、绿、蓝、紫六色，通常用来当作基础色相，但是人们能分辨的色相，不仅这六种颜色，还有如红色系中有紫红、橙红；绿色系中有黄绿、蓝绿等色彩。

色相

1. 三原色

原色也称第一次色，是指能调配出其他一切色彩的基本色。颜料的三原色为红、黄、蓝。将三原色按照不同的比例调配，可以混合成无数的色彩。

2. 三间色

间色也称第二次色，是由两种原色混合而成的。如红与黄相混合成橙色，黄与蓝相混合成绿色，红与蓝相混合成紫色。

3. 复色

复色是指两种间色相加而形成的色彩，色彩色相加的种类越多，得到的色彩越多。

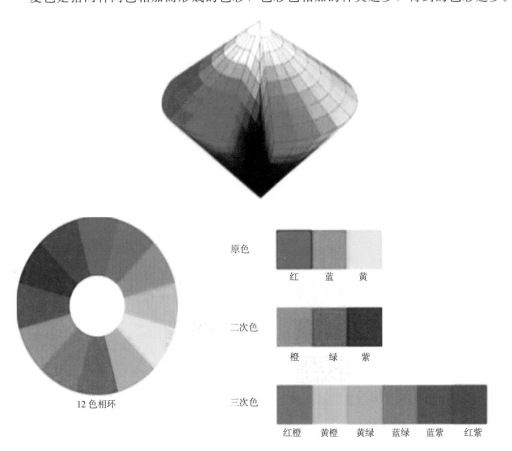

12色相环

原色		
红	蓝	黄

二次色		
橙	绿	紫

三次色					
红橙	黄橙	黄绿	蓝绿	蓝紫	红紫

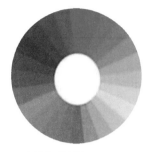

说明：
色相环由原色、二次色和三次色组合而成。
色相环中的三原色是红、黄、蓝，在环中形成一个等边三角形。
二次色是橙、紫、绿，处在三原色之间，形成另一个等边三角形。红橙、黄橙、蓝绿、蓝紫和红紫六色为三次色。
三次色是由原色和二次色混合而成。

（二）明度

明度是指色影的明暗程度，也就是色彩的深浅、浓淡程度。一种颜色，按其光度的不同，可以区别出许多深浅不同的颜色。从浓到淡、由深至浅，按不同明度依次排列称为色阶。

七种色彩的明度次序为：黄色明度最高，橙、绿次之，然后是红、青，明度最低的为蓝、紫。

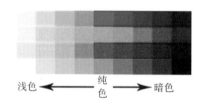

浅色 ←————— 纯色 —————→ 暗色

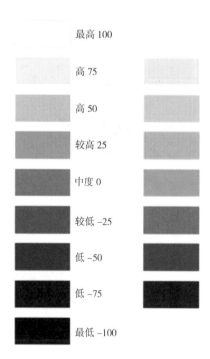

最高 100

高 75

高 50

较高 25

中度 0

较低 –25

低 –50

低 –75

最低 –100

（三）纯度

所谓的纯度，是指色影鲜艳、饱和及纯净的程度。任何一个纯色都是纯度最高的，即色彩的饱和度最高。色彩越纯，饱和度越高，色彩越艳丽。纯度高的色彩加入白色将提高它的明度，加入黑色则降低明度，但二者都降低了色彩的纯度。

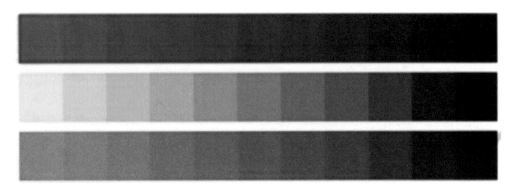

要求理解的内容

我们在化妆中，一定要合理地运用色彩的三个要素，正确利用色彩在化妆中的作用。掌握色彩的明度、色相、纯度的定义，了解色彩在化妆中的作用及形成原理。

知识点测试

一、填空题

1. 三原色是_____、_____和_____。

正确答案： 红、黄、蓝。

试题分析：三原色是一切色彩的基础，原色也称第一次色，而且三原色是任何颜色调配不出来的颜色，我们要认识红、黄、蓝的主要色相特征。

2. 将原色按不同比例调配可以混合成_____。

正确答案： 无数色彩。

试题分析：原色是一切色的基础，将三原色按照不同的比例调配，可以混合成无数的色彩。我们要掌握色彩的调配方法。

3. _____也称第二次色，是由两种原色混合而成的。

正确答案： 间色。

试题分析：间色也称第二次色，是由两种原色混合而成的。如红与黄相混合成橙色，黄与蓝相混合成绿色，红与蓝相混合成紫色。

4. 三间色是_____、_____和_____。

正确答案： 橙、绿、紫。

试题分析：间色也称第二次色，是由两种原色混合而成的。如红与黄相混合成橙色，黄与蓝相混合成绿色，红与蓝相混合成紫色。三间色也是色环上最为基础的颜色。

5. 复色是指两种_____而形成的色彩，色彩_____加的种类越多，得到的色彩越多。

正确答案：间色、色相。

试题分析：复色是生活中最常见的色彩，它只要是指两种间色相加而形成的色彩，色彩色相加的种类越多，得到的色彩越多。我们可以根据造型的要求设计和运用复色。

6. 七种色彩的明度次序为：_____，_____，_____，_____。

正确答案：黄色明度最高，橙、绿次之，然后是红、青，明度最低的为蓝、紫。

试题分析：每种颜色都有它不同的明暗度，在光谱上的七种颜色一般我们指的是七种纯色的颜色明度对比。黄色是明度最高的，蓝紫明度是最低的。

二、判断题

1. 色彩中加入白色，色彩的明度就会提高。　　　　　正确的答案是：对

试题分析：色彩的明度是指色彩的明暗程度，颜色中白色越多，颜色的明度就越高。

2. 色彩中加入白色，色彩的纯度就会降低。　　　　　正确的答案是：对

试题分析：色彩的纯度是指色彩的饱和度，只有饱和度是100％时，颜色的纯度最高，往颜色中只要加入不同的颜色，色彩的饱和度都会降低。所以色彩中加入白色也会降低颜色的纯度。

3. 色彩的明度越高，纯度就越高。　　　　　　　　　正确的答案是：错

试题分析：色彩的明度是加入了白色，白色越多明度越高，而色彩的纯度是指色彩的饱和度，只有饱和度是100％时，颜色的纯度最高，往颜色中只要加入不同的颜色，色彩的饱和度都会降低。所以色彩中加入白色也会降低颜色的纯度，不是明度越高纯度就越高。

4. 色相是一种色彩的代表。　　　　　　　　　　　　正确的答案是：错

试题分析：所谓色相是指色彩的相貌，以区别不同色彩的名称。色相的范围相当广泛，光谱上红、橙、黄、绿、蓝、紫六色，通常用来当作基础色相，但是人们能分辨的色相，不仅这六种颜色，还有如红色系中有紫红、橙红；绿色系中有黄绿、蓝绿等色彩。

5. 纯度越高，颜色越鲜艳。　　　　　　　　　　　　正确的答案是：对

试题分析：所谓的纯度，是指色彩鲜艳、饱和及纯净的程度。任何一个纯色都是纯度最高的，即色彩的饱和度最高。色彩越纯，饱和度越高，色影越艳丽。

三、简答题

1. 什么是色相？

_____

参考答案：所谓色相是指色彩的相貌，用以区别不同色彩的名称。色相的范围相当广泛，光谱上红、橙、黄、绿、蓝、紫六色，通常用来当作基础色相。

试题分析：色相是色的相貌，要想使用色彩首先我们要认识色，知道它是什么色相的，比如红色，就是红色相；紫红色也是红色相中的。

2. 什么是明度？

_____

参考答案：明度是指色彩的明暗程度，也就是色彩的深浅、浓淡程度。

试题分析：色彩的明度是指颜色的明暗程度，色彩中加入的白色越多，明度就越高，加入的黑色越多，明度越低。

3. 什么是纯度？

参考答案：所谓的纯度，是指色影鲜艳、饱和及纯净的程度。

试题分析：色彩的纯度是：所谓的纯度，是指色彩鲜艳、饱和及纯净的程度。任何一个纯色都是纯度最高的，即色彩的饱和度最高。色彩越纯，饱和度越高，色彩越艳丽。

第二节 色彩的知觉度

内容提要

本节主要讲解了色彩的联想、色彩的心理感觉。色彩是通过眼球给我们大脑提供信息的，色彩对我们来讲不光是视觉上的影响，对心理也有很大的影响。通过学习本节内容可以掌握色彩的这一特性，为化妆造型整体设计服务。

一、色彩的联想

当人们看到某种色彩时，常会把这种色彩和生活的环境或有关的事物联想到一起，这种思维倾向称为色彩的联想。

例如：一般人见到红色，会联想到血、火、消防车或红苹果；看到绿色可能会联想到草坪、树木、绿色蔬菜等。这种色影的联想，在很大程度上受个人经验、知识以及认识所左右，也会因年龄、性别、性格、教育、职业、时代与民族的差异而有所不同。色彩的联想有时是有形象的具体事物，有时则是抽象概念。一般来说，幼年时所联想的以具体事物为多，随着年龄的增长及受教育程度的提高，抽象性的联想有增长的趋势，它属于比较感性的思维，也偏向心理的感觉效果。

1. 红色联想

一般人见到红色，会联想到血、火、红旗、消防车或红苹果等。这是视觉效果给我们的实物联想。不光会有这种联想，还会影响到我们的心理情绪。

抽象的联想：红色会给我们热情、喜庆、危险、温暖的感觉。

2. 橙色联想

橙色是比较跳跃的颜色，明度很高，比较醒目，很多广告、路上的标志牌、警戒线等都是以橙色为主的。生活中我们也能常见到橙色，如橘子、晚霞、秋叶等。

抽象的联想：橙色给人一种积极、快乐、明朗、有活力的感觉。

3. 黄色联想

黄色给人一种很亮丽的感觉，但是往往又有一些不安。黄色是三原色，它是复色的基础元素之一。我们通过黄色可以联想到香蕉、黄金、黄菊等。

抽象的联想：黄色是富贵的象征，也是权力的代表，自古以来我国的皇帝的服饰、建筑等都是黄颜色的。黄色有明快、活泼、不安、光明等的心理感觉。

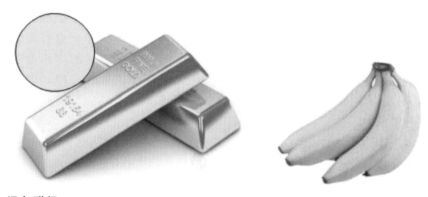

4. 绿色联想

绿色可能会联想到草坪、树木、绿色蔬菜等，绿色是希望的象征、和平的使者，我们可以深刻地感到绿色在我们生活中的重要性。

抽象的联想：绿色给人以新鲜、安全、理想、希望、环保、生命、平和的感觉。

5. 蓝色联想

蓝色是宁静的颜色，它能给我们带来心的慰藉。当你心情烦闷的时候，你可以对着天空、大海怒吼来发泄你的不愉快。蓝色代表水、蓝天、海洋、湖泊。

抽象的联想：蓝色给人沉静、理智、开朗、自由的感觉，那是一种无拘无束的奔跑的感觉。

6. 紫色联想

紫色是明度较暗的一种颜色，我们生活中常见的紫色物体有葡萄、茄子、紫罗兰花等。紫色是一个神秘而富贵的色彩，与幸运和财富、贵族和华贵相关联。它也和宗教有关，比如复活节和紫色的法衣。

抽象的联想：紫色是由温暖的红色和冷静的蓝色化合而成，是极佳的刺激色。在中国传统里，紫色是尊贵的颜色，如北京故宫又称为"紫禁城"，也有所谓"紫气东来"的说法。受此影响，如今日本王室仍尊崇紫色。紫色是高贵、优雅、神秘的。

7. 褐色联想

褐色，中国传统色彩名词。在红色和黄色之间的任何一种颜色。其特征含有适中的暗淡和适度的浅灰。

抽象的联想：褐色亦称棕色、赭色、咖啡色、啡色、茶色等，是由混合小量红色及绿色、橙色及蓝色，或黄色及紫色颜料构成的颜色。褐色只有在更亮的颜色对比下才看得出来。褐色代表着自然、朴素、沉稳、老练。

8. 白色联想

白色是一种包含光谱中所有颜色光的颜色，通常被认为是"无色"的。白色的明度最高，无色相。白色具体的事物会让我们联想到白雪、白云、冰块、新娘婚纱等。

抽象的联想：我国藏族人民最喜爱白色，这与他们风俗习惯有着密切的关系。草原四周为雪山环绕，藏区人民视白色为理想、吉祥、胜利、昌盛的象征。白色代表纯洁，象征着圣洁优雅。西方国家一般都爱好白色。伊斯兰教尤其信奉白色。白色是纯洁、虔诚、神圣、柔弱、脱俗的代表。

9. 灰色联想

灰色是在黑白之间的颜色，它也是无彩色。灰色的事物联想有水泥、阴天、砂石、冬季、钢铁等。

抽象的联想：灰色是让人提不起精神的一种颜色，它给人的心理感觉是消极、失望、空虚、稳重、诚实。

10. 黑色联想

黑色基本定义为没有任何可见光进入视觉范围，和白色正相反，白色则是所有可见光光谱内的光都同时进入视觉范围内。黑色代表着夜晚、头发、墨汁、煤炭等。

抽象的联想：黑色代表着死亡、恐怖、邪恶、孤独。

联想 色彩	具体事物	抽象的感觉
红	火、血、夕阳、苹果、心脏	热情、喜庆、危险、温暖
橙	橘子、晚霞、秋叶	积极、快乐、活力、明朗
黄	香蕉、黄金、黄菊	明快、活泼、不安、光明
绿	树叶、山林、草坪	新鲜、安全、理想、希望、环保
蓝	水、蓝天、海洋、湖泊	沉静、理智、开朗、自由
紫	葡萄、茄子、紫罗兰花	高贵、优雅、神秘
褐	木头、咖啡	自然、朴素、沉稳、老练
白	白雪、白云、冰块、新娘婚纱	纯洁、虔诚、神圣、柔弱、脱俗
灰	水泥、阴天、砂石、冬季、钢铁	消极、失望、空虚、稳重、诚实
黑	夜晚、头发、墨汁、煤炭	死亡、恐怖、邪恶、孤独

要求理解的内容

色彩会给我们生活带来无尽的快乐和享受，并且国外现在有很多的颜色治疗师，他们会通过颜色不同的能力辅助治疗一些身体上的疾病，并缓解压力，舒缓神经。我们要好好地学习本节内容，熟练的掌握色彩知识，为以后的化妆学习打下坚实的基础。

知识点测试

一、填空题

1. 一般人见到红色会联想到_____、_____和_____。

正确答案：火、红旗、血。

试题分析：红色是生活中把最为常见的一种颜色，它有很强的情绪调节作用。

2. 绿色是_____和_____的象征。

正确答案：希望、和平。

试题分析：绿色往往给人于希望、和平、生命等的象征作用，世界和平组织的徽标也是绿色的。

3. 蓝色可以给人_____、_____、_____、_____的感觉。

正确答案：沉静、理智、开朗、自由。

试题分析：蓝色是天空、大海的颜色，给我们的联想与感觉也是向天空于海洋一样的感觉。

4. _____颜色是神秘的代表。

正确答案：紫色。

试题分析：紫色是一个神秘的富贵的色彩，与幸运和财富、贵族和华贵相关联。

5. _____颜色让人感觉到死亡和恐怖。

正确答案：黑色。

试题分析：黑色代表着死亡、恐怖、邪恶、孤独。我们中国人在参加葬礼的时候为了表示尊敬与肃穆，也都穿黑色的衣服。

二、简答题

什么是色彩联想？

参考答案：当人们看到某种色彩时，常会把这种色彩和生活的环境或有关的事物联想到一起，这种思维倾向称为色彩的联想。

试题分析：我们先要了解色彩联想的概念和定义，才能好好地学习通过颜色我们都能联想到什么，色彩联想又有什么样的作用。

二、色彩的心理感觉

人们观看色彩时，除了直接受到色彩的视觉刺激外，在思维方面也可能产生对生活经验、环境事物的联想，从而影响人们的心理情绪。这种反应被称为色彩的心理感觉。色彩的心理感觉受个人的喜好、厌恶、学识、年龄等方面的影响而有所差异，但大部分人对同一色彩会得到许多共同的感受。学习色彩的目的在于如何有效地调配颜色，因此，必须充分理解对色彩的感觉。

（一）冷暖感

所谓色彩的冷暖感是心理感觉，与实际的温度并无直接的关系。红、橙、黄近似

火焰的颜色，当人们看到这类颜色时，就联想到火的燃烧、太阳的升起、热血、红花等，因此，往往在心理上产生一种温暖的感觉；而蓝、青色人们则多见于冰天雪地、海洋、天空，所以往往给人以寒冷的感觉。

颜色的冷暖是相对的。例如紫红、绿色等，与暖色的橘红相对照时属于冷色；而与冷色的蓝、青并列时又属于较暖的颜色。在同一色相中，由于纯度、明度及光照的不同，也会形成一定的冷暖差异。

（二）前进感和后退感

同一背景、面积相同的物体，由于其色彩的不同，有些给人以凸出向前的感觉，有的则给人以凹进深远的错觉。前者称为前进色，后者称为后退色。一般来说，明色与暖色有突出向前感，暗色与冷色则给人退后感。

（三）轻重感

色彩能使人看起来有轻重感。一般来说，明度越高感觉越轻，明度越低感觉越重。在无彩色系中，黑白具有坚硬感，灰色具有柔和感；有彩色系中的冷色有坚硬感，暖色则有柔和感。

（四）色彩的味觉感

色彩具有味觉感，这种味觉感大都由人们生活中所接触过的事物联想而来。在过去的经验中，所食用过的食物、蔬菜等色彩，对味觉形成了一种概念性的反应。因此人们对于没食用过的食物，往往会先以它拥有的外表色彩来判断它的酸、甜、苦、辣。

1. 酸：使人联想到未成熟的果实，因此酸色即以绿色为主，从果实的成熟过程中颜色的变化情况进行理解，黄、橙黄、绿等色彩，都带有些微酸味的感觉。

2. 甜：暖色系的黄色、橙色最能表现甜的味道感，明度、彩度较高的色彩也有此感觉，如粉红色、象牙色的冰淇淋就较具有甜味感。

3. 苦：以低明度、低彩度带灰色的浊色为主，如灰、黑褐等色，这些色易让人联想到咖啡的苦涩。

4. 辣：由红辣椒及其他刺激性的食品联想到辣味，因此，以红、黄为主，其他如绿色、黄绿的芥菜色也是辣味感的色调。

知识点测试

一、判断题

1. 暗色给人以沉重的感觉。　　　　　　　　　　正确的答案是：对

试题分析：色彩能使人看起来有轻重感，一般来说，明度越高感觉越轻，明度越低感觉越重。在无彩色系中，黑白具有坚硬感，灰色具有柔和感；有彩色系中的冷色有坚硬感，暖色则有柔和感。

2. 酸的代表色是橙色。　　　　　　　　　　　　正确的答案是：错

试题分析：使人联想到未成熟的果实，因此酸色即以绿色为主，从果实的成熟过程中颜色的变化情况进行理解，黄、橙黄、绿等色彩，都带有些微酸味的感觉。

化妆 基础

3. 苦味以低明度、低彩度、带灰色的浊色为主。　　　　正确的答案是：对

试题分析：苦的代表色一般都是低彩度的浊色为主，我们常见的颜色有咖啡的颜色，巧克力的颜色、中药的颜色等。

二、简答题

色彩的心理感觉主要包括哪些方面？

参考答案：主要包括有：色彩的冷暖感、前进后退感、重量感、色彩的味觉感。

试题分析：人们观看色彩时，除了直接受到色彩的视觉刺激外，在思维方面也可能产生对生活经验、环境事物的联想，从而影响人们的心理情绪，这种反应称为色彩的心理感觉。色彩的心理感觉受个人的喜好、厌恶、学识、年龄等方面的影响而有所差异，但大部分人对同一色彩会得到许多共同的感受。学习色彩的目的在于如何有效地调配颜色，因此，必须充分理解对色彩的感觉。

第三节　化妆常用色彩搭配

内容提要

本节主要讲解色彩的搭配、化妆中常用色彩搭配、眼影色与妆面的搭配、胭脂色与妆面的搭配、唇膏色与妆面的搭配，使学生通过本节的学习掌握化妆中不同的色彩搭配效果，为以后的类型化妆奠定基础。

一、色彩的搭配

（一）色调

色调也称色彩的调子，是将色相、明度与纯度综合在一起考虑的色彩性质；是指色彩的基本倾向，又是色彩外观的重要特征。每个化妆设计都应有自己独到的色调，它是构成色彩统一的主要因素。如果色调不明确，也就不存在色彩的和谐统一。

1. 从色相上分有红色调、黄色调、橙色调、绿色调等。

2. 从色彩明度分有亮色调、暗色调、灰色调。

3. 从色彩纯度分有鲜色调、浊色调。

4. 从色彩色性分有冷色调、暖色调。

　　色调的形成，不是由以上某一个单一成分决定的，而是上述的各个成分的综合表现所决定。

（二）同类色

同类色是指在色环中，取任何一色加黑、加白或加灰而形成的色彩所构成一系列色系称为同类色。同类色在配色上是一种稳定、温和的组合。

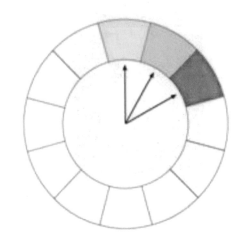

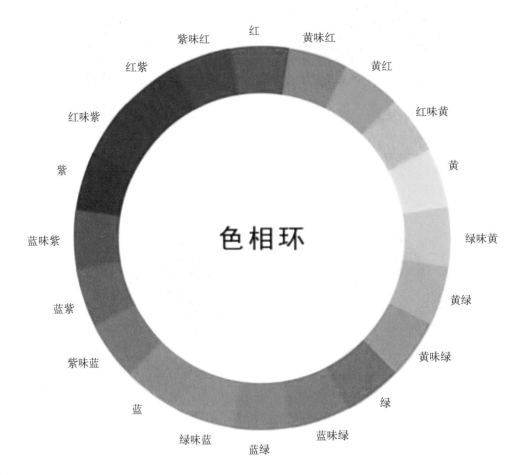

色相环

（三）邻近色、类似色

邻近色是指在色环中处于30°～60°之间的左、右邻近色。在色环中，取任何一色为指定色，那么凡是与此色相邻的色彩，即为此色的邻近色。邻近色在配色组合中具有稳定、和谐与安定感。

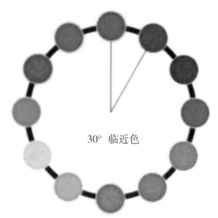

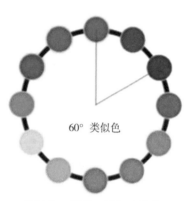

临近色：以某一颜色为基准，与此色相间隔2—3色的颜色为类似色。（30°）

类似色：以某一颜色为基准，与此色相同间隔2～3色的颜色为类似色。（60°）

（四）对比色

对比色是指色环中处于120°～150°之间的任何两色。原色对比较强烈，若想缓和两色的对比效果，可将其中一色的纯度或明度做适当调整，或由面积的大小来调和两色对比的程度。在配色上，对比色具有活泼、明快的感觉。

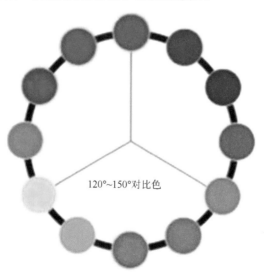

对比色：以某一颜色为基准，与此色相间隔120°～150°的任一两色互为对比色。

（五）互补色

位于色环直径两端的色彩，即为互补色。两色距离正好处于180°的对立位置，是色彩中对比最强烈的。若将互补色的两色并排在一起，容易产生眩目、喧闹的不协调感，但若能加以控制调整好互补色之间的纯度或明度的对比，在相互衬托下，同样可以获得清晰、饱满亮丽的色彩组合效果。

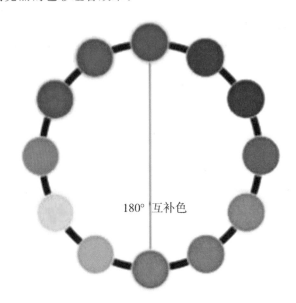

180° 互补色

互补色：以某一颜色为基准，与此色相间隔180°的任一两色互补。

课堂练习

1. 色彩的基本搭配。

2. 同类色的服饰搭配。

3. 对比色的眼影搭配。

4. 室内装潢的亮色调搭配。

课堂理解的内容

1. 色彩在生活中的重要意义。

2. 色彩在化妆中的意义。

3. 生活中常用的色彩搭配。

知识点测试

一、填空题

1. 色调也称_____。是将_____、_____与_____综合在一起考虑的色彩性质，是指_____的基本倾向，又是_____外观的重要特征。

正确答案：色彩的调子、色相、明度、纯度、色彩、色彩。

试题分析：色调的定义不光是它本身，它是色彩定义的中和因素，我们在使用和学习时要抓住它的这个特性。

2. 邻近色是指色环中处于_____之间左、右的两个颜色。

正确答案：$30°\sim60°$

试题分析：邻近色是色环上两个最为相似又不同的色相的两个颜色。

二、简答题

1. 简述同类色的定义。

参考答案：同类色是指在色环中，取任何一色加黑、加白或加灰而形成的色彩，所构成一系列色系称为同类色。

试题分析：同类色在配色上是一种稳定、温和的组合。

2. 简述互补色的定义。

参考答案：位于色环直径两端的色彩，即为互补色。两色距离正好处于$180°$的对立位置，是色彩中对比最强烈的。

试题分析：互补色是色彩中对比最强烈的。若将互补色的两色并排在一起，容易产生眩目、喧闹的不协调感，但若能加以控制调整好其互补色之间的纯度或明度的对比，在相互衬托下，同样可以获得清晰、饱满亮丽的色彩组合效果。

3. 简述对比色的定义。

参考答案：对比色是指色环中处于$120°\sim50°$之间的任何两色。原色对比较强烈。

试题分析：对比色若想缓和两色的对比效果，可将其中一色的纯度或明度做适当调整，或由面积的大小来调和两色对比的程度。在配色上，对比色具有活泼、明快的感觉。

二、化妆中几种色彩的搭配方法

在化妆中，"形"的构思依赖于色彩的描画完成。通常在一个妆型中会出现几种不同的用色，在化妆用色的选择上既要考虑色彩搭配是否符合规律，又要考虑到化妆用色是否符合妆面特点，是否与妆面效果达成一致。因此，色彩的巧妙运用是完成化妆的重要因素。

1. 色彩明度的对比搭配

明度对比是指运用色彩在明暗程度上产生对比的效果，也称深浅对比。明度对比有强弱之分。强对比颜色间的反差大，对比强烈，产生明显的凹凸效果，如黑色与白色对比。弱对比则淡雅含蓄，比较自然柔和，如浅灰色与白色对比，淡粉色与淡黄色对比，紫色与深蓝色对比等。化妆中色彩运用明度对比进行搭配，能使平淡的五官显得醒目，具有立体感。

2. 色彩纯度对比的搭配

纯度对比是指由于色彩纯度的区别而形成的色彩对比效果。纯度越高，色彩越鲜明，对比越强烈，妆面效果越明艳、跳跃。纯度低，色彩便浅谈，色彩对比弱，妆面效果则含蓄、柔和。化妆中色彩运用纯度对比进行搭配，要分清色彩的主次关系，避免产生凌乱的妆面效果。

3. 同类色对比、邻近色对比的搭配

同类色对比是指在同一色相中，色彩的不同纯度与明度的对比，如化妆中使用深棕色与浅棕色的晕染便属于同类色对比。邻近色对比则是指色相环中距离接近的色彩对比，如绿与黄、黄与橙的对比等。运用这两种色彩进行搭配，妆面柔和、淡雅，但容易产生平淡、模糊的妆面效果。因此，在化妆时，要适当地调整色彰的明度，使妆面效果和谐。

4. 互补色对比、对比色对比的搭配

互补色对比是指在色相环中呈 180°的相对的两个颜色，如绿与红、黄与紫、蓝与

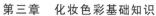

橙。对比色对比是指三个原色中的两个原色之间的对比。这两种对比都属于强对比，对比效果强烈，引人注目，适用于浓妆及气氛热烈的场合。在搭配时，要注意强烈效果下的和谐关系。使之和谐的手法有：改变面积、改变明度、改变纯度等。

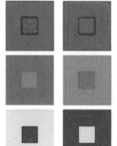

5. 冷色、暖色对比的搭配

色彩的冷暖感觉是由各种颜色给予人的心理感受而产生的。暖色艳丽、醒目，具有扩张的感觉，容易使人兴奋，使人感觉温暖；冷色神秘、冷静，具有收缩的感觉，使人安静平和，感觉清爽。冷色在暖色的衬映下，会显得更加冷艳。例如，冷色系的妆运用暖色点缀，则更衬能托出妆容的冷艳；同样暖色在冷色的衬映下会显得更加温暖。在化妆用色时应充分考虑这一点。

知识点测试

一、填空题

1. _____是指运用色彩在明暗程度上产生对比的效果，也称_____。

正确答案：明度对比、深浅对比。

试题分析：色彩明度对比是指明度对比有强弱之分。强对比颜色间的反差大，对比强烈，产生明显的凹凸效果，如黑色与白色对比。弱对比则淡雅含蓄，比较自然柔和，如浅灰色与白色对比，淡粉色与淡黄色对比，紫色与深蓝色对比。化妆中色彩运用明度对比进行搭配，能使平淡的五官显得醒目，具有立体感。

2. 互补色对比是指在色相环中呈_____的相对的两个颜色。

正确答案：180°。

试题分析：互补色对比是指在色相环中呈180°的相对的两个颜色，如绿与红、黄与紫、蓝与橙色。对比色对比是指三个原色中的两个原色之间的对比。这两种对比都属于强对比，对比效果强烈，引人注目，适用于浓妆及气氛热烈的场合。在搭配时，要注意强烈效果下的和谐关系。

3. _____和_____是同类色对比。

正确答案：红、玫瑰红。

试题分析：同类色对比是指在同一色相中，色彩的不同纯度与明度的对比，如化妆中使用深棕色与浅棕色的晕染属于同类色对比。邻近色对比则是指色相环中距离接近的色彩对比，如绿与黄、黄与橙的对比等。运用这两种色彩进行搭配，妆面柔和、淡雅，但容易产生平淡、模糊的妆面效果。

4. 色彩的冷暖感觉是由各种颜色给予人的_____而产生的。

正确答案：心理感受。

试题分析：色彩的冷暖感觉是由各种颜色给予人的心理感受而产生的。暖色艳丽、醒目，具有扩张的感觉，容易使人兴奋，使人感觉温暖；冷色神秘、冷静，具有收缩的感觉，使人安静平和，感觉清爽。冷色在暖色的衬映下，会显得更加冷艳。

二、判断题

1. 蓝色和橙色对比是互补色对比。　　　　　　　　　　　　正确的答案是：对

试题分析：在色环上呈120°～150°的两个颜色为互补色。

2. 邻近色对比是指同一色相中不同颜色的明度、纯度对比。　正确的答案是：错

试题分析：邻近色是指色相环上连个相邻的颜色对比。

3. 同类色对比是指在色环上相邻的两个色相的对比。　　　　正确的答案是：错

试题分析：同类色是指色环上的一种颜色加入了黑色、或白色产生的颜色对比是同类色对比。

4. 对比色适合浓妆及气氛热烈的场合。　　　　　　　　　　正确的答案是：对

试题分析：对比色的颜色给人予对比效果强烈，引人注目的感觉，所以适合这种场合。

三、简答题

1. 什么是冷、暖色彩对比的搭配？

参考答案：色彩的冷暖感觉是由各种颜色给予人的心理感受而产生的。暖色艳丽、醒目，具有扩张的感觉，容易使人兴奋，使人感觉温暖；冷色神秘、冷静，具有收缩的感觉，使人安静平和，感觉清爽。冷色在暖色的衬映下，会显得更加冷艳。例如，冷色系的妆运用暖色点缀，则更衬能托出妆容的冷艳；同样暖色在冷色的衬映下会显得更加温暖。

试题分析：色彩的冷暖感每个人都不一样，冷色在暖色的衬映下，会显得更加冷艳。例如，冷色系的妆运用暖色点缀，则更衬能托出妆容的冷艳；同样暖色在冷色的衬映下会显得更加温暖。

2. 什么是色彩纯度对比的搭配？

参考答案：纯度对比是指由于色彩纯度的区别而形成的色彩对比效果。纯度越高，色彩越鲜明，对比越强烈，妆面效果越明艳、跳跃。纯度低，色彩便浅谈，色彩对比弱，妆面效果则含蓄、柔和。

试题分析：化妆中色彩运用纯度对比进行搭配，要分清色彩的主次关系，避免产生凌乱的妆面效果。

三、眼影与妆面的搭配

（一）眼睛常用几种搭配方法

（二）眼影色与妆面的搭配

1. 日妆眼影色及妆面效果

日妆眼影色柔和自然，搭配简洁，在选择时要根据个人的喜好、职业、年龄、季节与眼睛的条件来选择。例如，浅蓝色与白色搭配，眼睛显得清澈透明；浅棕色与白色搭配，妆面显得冷静、朴素；浅灰色与白色搭配，妆面给人以理智、严肃的印象；粉红色与白色搭配则充满了青春活力。

2. 浓妆眼影色及妆面效果

浓妆眼影色对比强烈、夸张，色彩艳丽、跳跃，搭配效果醒目，面部的立体感强。在选择眼影色时要根据不同的妆型选择所用的眼影色。例如，紫色与白色搭配，妆型冷艳，具有神秘感；蓝色与白色搭配，妆型高雅、亮丽；橙色与黄色搭配，显示女性的妩媚；橙色与白色搭配，显示女性温柔；绿色与黄色搭配，给人以青春、浪漫的印象。

课堂练习

1. 在练习纸上练习色彩眼影的搭配方法。

2. 练习眼影与妆面搭配方法。

要求理解的内容

1. 学习和掌握眼影的不同搭配效果。

2. 掌握日妆、浓妆眼影的搭配方法。

知识点测试

判断题

1. 日妆眼影色柔和自然，搭配简洁。 正确的答案是：对

试题分析：色彩可以表达各种情感，日妆是在太阳光或是日光灯下妆面，妆面要求自然柔和，所以眼影色的选择也要以明度高、浅一点颜色为主，颜色搭配不宜太明显。

2. 浅棕色与白色搭配，妆面显得冷静、突出。 正确的答案是：错

试题分析：这道题是错的，棕色是比较沉稳的颜色，白色也是比较安静的颜色，它们在一起搭配时，妆面不能显得突出。

3. 粉色与黄色搭配，显示女性的妩媚。 正确的答案是：错

试题分析：粉色是比较明度较高的颜色，黄色也是明度较高的颜色，它可以给人清馨、活泼的感觉，但是不能较突出女性妩媚的感觉。

4. 浓妆眼影色对比强烈、夸张，色彩艳丽、跳跃，搭配效果醒目。

正确的答案是：对

试题分析：浓妆眼影色主要是用对比色搭配而成，我们可根据需要搭配效果醒目，加强面部的立体感。在选择眼影色时要根据不同的妆型选择所用的眼影色。

四、胭脂色与妆面的搭配

（一）日妆胭脂色

日妆胭脂色宜选粉红色、浅棕红、浅橙红等比较浅淡的颜色。选色时要与眼影及妆面色彩相协调。

需要注意的是，妆面的整体色调协调，不宜做过于夸张的涂抹。

日妆常用胭脂色

（二）浓妆胭脂色

棕红色、玫瑰红等较重的颜色适于浓妆。但胭脂色与眼影和唇色相比，其纯度与明度都适当减弱，从而使妆面有层次感。

也可做轮廓边缘的修饰，有适当矫正不标准脸形的作用。

不同颜色胭脂的不同化妆效果。

五、唇膏色与妆面的搭配

1. 棕红色：色彩朴实，使妆面显得稳重、含蓄、成熟，适用于年龄较大的女性。

2. 豆沙红：色彩含蓄、典雅、轻松自然，使妆面显得柔和，适用于较成熟的女性。

3. 橙色：色彩热情，富有青春活力，妆面效果给人以热情奔放的印象，适用于青春气息浓郁的女性。

4. 粉红：色彩娇美、柔和，使妆面显得清新可爱，适用于肤色较白的青春少女。

5. 玫瑰红：色彩高雅，艳丽，妆面效果醒目、艳丽，适用于晚宴及新娘妆。

常见唇形的色彩搭配方法

香槟红（1份）+玫瑰红（2份）
适合皮肤白，唇色白的中年人

日本红+特红色
适合中、老年人

特红色（2份）+玫瑰红（0.5份）
适合中青人

草莓红
适合年青女孩、效果自然色

日本红（2份）+玫瑰红（1份）
适合皮肤暗道，黄的中年人

紫红色（1份）+特红色（0.5份）
适合中老年人

特红色
适合较白皮肤，效果自然柔和

橘红色特色+目标色
适合唇黑、唇暗，用于改色

课堂练习

1. 唇色的选择。

2. 唇膏的涂抹方法。

3. 不同类型化妆中唇色的选择。

课堂理解的内容

1. 化妆中唇色的作用。

2. 化妆造型中唇色的选择。

3. 唇线的描画方法（唇线笔的使用中有唇线的描画）。

4. 唇线与唇膏色的搭配。

知识点测试

填空题

1. _____色彩朴实，使妆面显得_____、_____、_____，适用于年龄较大的女性。

正确答案：棕红色、稳重、含蓄、成熟。

试题分析：棕红色是比较传统的颜色，给人以成熟稳重的感觉，比较适合年龄较大的女性。

2. _____色彩含蓄、_____、轻松自然，使妆面显得柔和，适用于较_____的女性。

正确答案：豆沙红、典雅、较成熟。

试题分析：豆沙红色较棕红色稍微艳一点，含的红色要更多一些，比较适合成熟女性。

3. _____色彩热情，富有青春活力，妆面效果给人以_____的印象，适用于青春气息浓郁的女性。

正确答案：橙色、热情奔放。

试题分析：橙色是跳跃的颜色，是明度比较高色彩，适合青春气息浓郁的女性使用。

4. _____色彩娇美、柔和，使妆面显得_____，适用于_____的青春少女。

正确答案：粉红色、清新可爱、肤色较白。

试题分析：粉红色是梦幻的颜色，是少女的色彩，它凸显女性的可爱稚嫩与娇小的感觉，所以适合青春的少女使用。

5. _____色彩高雅、艳丽，妆面效果醒目、艳丽，适用于_____及_____。

正确答案：玫瑰红、晚宴、新娘妆。

试题分析：玫瑰红色是晚宴妆和新娘妆常用的色彩，它能强调妆面的高雅、艳丽。

第四章
局部化妆修饰技巧

学习目标

本章将从了解眉部、面色、眼影、睫毛线与睫毛、面颊、鼻部、唇部的修饰作用与修饰要求入手，讲解面部各局部的修饰步骤与技法，以明确修饰中的化妆注意事项为主要学习目标，在学习训练的过程中培养学生会观察、会分析、会模仿的能力以及培养学生细致、准确的工作态度与习惯，为今后学习整体妆面打下良好的基础。

内容概述

本章重点讲解化妆师美化容貌的重要的方法。回顾以往，美容化妆始终伴随着人类文明的进程而发展；展望未来，美容化妆在人们对美的强烈追求中将会更加迅猛的发展。如何熟练掌握化妆方法，快速提高化妆技术，是每个化妆师关心的问题。要掌握好整体的容貌美化技术，首先应熟练把握构成整体容貌中的各个局部的修饰与描画，才能追求妆容的整体协调和变化。可见，局部修饰方法技巧是掌握化妆技术的关键。

本章总结

化妆是一门技术，需要化妆师把巧妙的构思通过娴熟的技艺体现出来，需要从化妆基本原理到方法与技巧进行循序渐进地学习，尤其不能忽视基础性操作。

为了掌握好整体化妆技术，应从掌握各个局部的修饰技巧入手。本章对面部各局部修饰的作用、方法手段及应用技巧进行了重点介绍。以面部各局部修饰理论知识为主，配以大量的实际操作，为今后学习整体妆面打下了良好的化妆基础。

第一节　眉　的　修　饰

内容提要

通过对眉的作用、标准眉的结构，学会修眉工具的运用、眉的描画的讲解，培养学生观察、分析、模仿的能力。

一、眉的作用

（一）眉毛可以保护眼睛

长在眼睛上方的眉毛对眼睛有很好的保护作用。眉毛是眼睛的"卫士"，是眼睛的一道天然屏障。当脸上出汗或被雨淋了之后，它能把汗水和雨水挡住，防止流入眼睛刺激眼睛，也能防止眼睛上方落下来的尘土和异物。

（二）眉对面部表情的作用

眉毛在面部占有重要的位置，具有美容和表情作用，能丰富人的面部表情。双眉的舒展、收拢、扬起、下垂可反映出人的喜、怒、哀、乐等复杂的内心活动。

眉的形状、粗细、长短，对人整个面部的神态表情，特别是对眼部的印象，起着绝对的作用。

（三）眉对面部结构的作用

眉形的变化还可以起到调整脸形的作用。修饰眉时，应根据不同的脸形、五官，以及个人气质进行选择。这样，面部就有了起伏变化。

长度的平衡

长长的眉会使脸看起来纤细；

短眉会使脸看起来变大。

宽度的平衡

粗眉会使脸看起来较瘦；

细眉会使脸看起来变大。

知识点测试

填空题

1. 眉毛可以＿＿＿＿＿＿眼睛。

正确答案：保护。

试题分析：我们首先要了解眉的生理上的基本功能是为了保护眼睛。

2. 眉形的变化还可以起到调整＿＿＿＿＿＿的作用。

正确答案：脸形。

试题分析：了解眉形的变化对面部的调整作用，便于学生今后化妆时通过眉的修饰来调整脸形。

3. 修饰眉时，应根据不同的＿＿＿＿＿＿、＿＿＿＿＿＿，以及＿＿＿＿＿＿进行选择。

正确答案：脸形、五官、个人气质。

试题分析：了解眉形的变化对面部的调整作用，便于学生今后化妆时通过眉的修饰来调整脸形。

二、标准眉的结构

（一）眉毛的构造

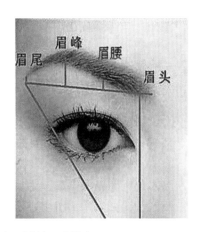

眉毛分为：眉头、眉腰、眉峰、眉尾。

（二）标准眉形

1. 眉毛由眉头、眉峰和眉尾三部分相连组成，将其平均分为三等份，即眉头至眉腰，眉腰至眉峰，眉峰至眉尾。

2. 眉头的位置在鼻翼与内眼角连线的延长线上。

3. 眉峰的位置在眉头到眉尾的 2/3 处。

4. 眉尾的位置在鼻翼与外眼角的延长线。

5. 眉尾的高度为眉头下缘至眉梢的水平连线，且略高于眉头。

知识点测试

填空题

1. 眉毛由_____、_____和_____三部分相连组成。

正确答案：眉头、眉峰、眉尾。

试题分析：了解眉毛的基本结构，是学习描画和修饰眉毛的前提。

2. 眉头的位置在_____与_____连线的延长线上。

正确答案：鼻翼、内眼角。

试题分析：了解眉毛的基本结构，是学习描画和修饰眉毛的前提。

3. 标准眉的转折点应在_____处。

正确答案：眉头至眉尾的 2/3。

试题分析：了解眉毛的基本结构，是学习描画和修饰眉毛的前提。

4. 眉尾的高度为_____至_____的水平连线，且略高于_____处。

正确答案：眉头下缘、眉梢、眉头。

试题分析：了解眉毛的基本结构，是学习描画和修饰眉毛的前提。

三、修眉的工具

1. 眉夹/眉钳：眉钳是修饰眉毛的重要工具。拔眉之前，先用颜色稍浅的眉笔画好理想眉形，然后再将轮廓外的多余眉毛拔掉。

2. 刮眉刀：刮眉刀用来去除毛干部位，而毛根和毛囊却依然留在表皮下。相比之下，使用刮眉刀修眉比较不会有疼痛感，但是也存在着一些劣势，如眉毛刮掉后很快就会长出来。

3. 修眉剪：修眉剪多用于拔眉或刮眉之后，将长短不齐的眉毛修剪整齐。

4. 眉梳：梳理修整眉毛的工具。

四、修眉的步骤与方法

(一) 修眉的步骤

1. 将眉毛及周围皮肤进行清洁。
2. 根据眉形特点，确定眉毛各部位的位置。
3. 选用修眉用具，修去眉形以外多余的眉毛。
4. 将修完的眉毛进行梳理，有过长的眉毛可再进行修剪。
5. 用收敛性化妆水拍打双眉及周围的皮肤，以使皮肤毛孔收缩。

(二) 修眉的方法

修眉时要根据所使用的用具不同，采用不同的方法。一般来讲修眉有三种方法：修剪法、拔眉法和剃眉法。

1. 修剪法。用眉剪对杂乱多余的眉毛或过长的眉毛进行修剪，使眉形显得整齐。

修剪时，先用眉梳或小梳子，根据眉毛生长方向，将眉毛梳理成型，然后将眉梳平着贴在皮肤上，用眉剪从眉梢向眉头逆向修剪。眉梢可以稍短些，眉峰至眉头部位，除特殊情况外，不宜修剪。这样可以形成眉的立体感与层次感。

2. 拔眉法。用眉镊将散眉及多余的眉毛连根拔除。

拔眉前用毛巾热敷，使毛孔扩张，减少拔眉时皮肤的疼痛感。拔眉时，用一只手的食指和中指将眉毛周围的皮肤绷紧，另一只手拿着眉镊，夹住眉毛的根部，顺着眉毛的生长方向，将眉毛一根根拔掉。

利用拔眉法进行修眉最大的特点是修过的地方很干净，眉毛再生速度慢，眉形保持时间相对较长。不足之处是拔眉时有轻微的疼痛感；长期用此方法修眉，会损伤眉毛的生长系统，使眉毛生长缓慢，甚至不再生长。

3. 剃眉法。用修眉刀将不理想的眉毛刮掉，以便与重新描画眉形。

刮眉时，用一只手的食指和中指将眉毛周围的皮肤绷紧，另一只手的拇指、食指、中指和无名指固定刀身，修眉刀与皮肤呈45°。这个角度不易伤及皮肤。刮眉过程中握修眉刀的手要稳，从而保证刮眉的安全性和准确性。

刮眉的方法简单，刮时皮肤没有疼痛感。但眉毛刮掉后很快又会出来，而且重新长出来的眉毛显得粗硬。

知识点测试

简答题

找两名模特练习修眉的步骤和方法。

参考答案：自由发挥。

试题分析：掌握眉的修饰步骤和方法，将有助于提高学生的化妆技巧。

五、眉的描画

(一) 画眉的步骤及方法

1. 从眉腰处开始，顺着眉毛的生长方向，描画至眉峰处，形成上扬的弧线。
2. 从眉峰处开始，顺着眉毛的生长方向，斜向下画至眉梢，形成下降的弧线。
3. 由眉腰向眉头处进行描画。
4. 用眉刷轻扫描画好的眉毛，使各部位衔接自然、柔和。

(二) 注意事项

1. 画眉持笔时，要做到"紧拿轻画"。
2. 眉毛是一根根生长的，因此画眉时要一根根进行描画，从而体现眉毛的空隙感。
3. 描画眉毛时，注意眉毛深浅变化规律，体现眉毛的质感，眉毛略浅于发色。
4. 眉笔要削成扁平的"鸭嘴状"。

知识点测试

简答题

1. 在纸上练习画眉一张。

参考答案：自由发挥。

试题分析：掌握眉的描画，将有助于提高学生的化妆技巧。

2. 找两名模特练习修眉和画眉。

参考答案：自由发挥。

试题分析：掌握眉的描画，将有助于提高学生的化妆技巧。

六、眉形与脸形的搭配

（一）常见的眉形

1. 自然眉——整个眉从眉头到眉毛，呈现缓和的自然弧度，自然、大方。

2. 一字眉——呈水平的直线，有的粗而短，有的粗而长。看上去显得很青春，活泼可爱。

3. 弧形眉——优雅温和的圆形眉，从眉头到眉腰，眉腰到眉峰，眉峰到眉尾都呈圆弧状。给人温柔、婉约、有女人味的感觉。

4. 上扬眉——眉尾过高于眉头，给人精神、时尚感觉，但是过高会显得冷漠、严厉。

5. 下挂眉——眉尾低于眉头，给人犹豫、苦恼的感觉。

6. 刀眉——眉头较细，眉峰粗，眉的线条硬朗、健康、刚毅。一般是男士的眉形。

（二）眉形与脸形的搭配

1. 椭圆形脸形。标准眉即可。其他眉形也适合，可以在不同妆型中选用。

2. 圆形脸形。挑眉较适合。强调眉形弧度的高挑眉最适合圆脸，它高挑的弧度，恰好将圆脸拉出适当的距离，让脸部的五官不那么集中，使脸在视觉上被拉长了。

3. 方形脸形。弧形眉较适合。上扬、强调眉峰弧度的上扬眉形，掩盖了脸部棱角，把脸变圆了。画眉时要注意的是，双眉之间最好保持一点距离。距离太近会使五官显得太集中，脸变得更大更方。从眉峰描画到眉尾时，可将线条慢慢减细，并且顺眉形微微上扬。最重要的眉峰部分，以眉笔将眉峰的弧度勾勒出来，让眉形的曲线更突出。

4. 长脸形（又名申字脸）。一字直眉、眉形平坦没有弧度，使得脸看起来感觉不那么长，两颊也显丰满一些，是脸形偏长人的最佳选择。

5. 正三角形脸形（又名甲字脸）。略有弧度的长眉，并将眉峰略向外移。在视觉上可以增加脸上部宽度，调整脸形。

6. 倒三角形脸形（又名由字脸）。可以选择的眉形相对较多。弧形眉较适合，不过上扬眉形会使得全部线条感觉过于生硬，给人不易亲近的感觉。所以，略带弯度的自然眉形，并将眉峰均匀内移，可以缓和脸部线条，使脸显得柔和。

7. 菱形脸形。适合平直眉，眉峰略向外移。对比之下使颧骨在视觉上有内收感。

8. 国字脸。适合粗一点的一字眉。

知识点测试

一、填空题

1. 一字眉的_____、_____、_____基本在同一水平线上。

正确答案：眉头、眉腰、眉峰、眉尾。

试题分析：了解眉毛的形状，有利于针对不同脸形进行眉的描画。

2. 眉头的位置在弧形眉从_____到_____，_____到_____，_____

到_____，都呈圆弧状。

正确答案：眉头、眉腰、眉腰、眉峰、眉峰、眉尾。

试题分析：了解眉毛的形状，有利于针对不同脸形进行眉的描画。

3. 上扬眉的_____过高于_____。

正确答案：眉尾、眉头。

试题分析：了解眉毛的形状，有利于针对不同脸形进行眉的描画。

4. 下挂眉的_____低于_____。

正确答案：眉尾、眉头。

试题分析：了解眉毛的形状，有利于针对不同脸形进行眉的描画。

二、简答题

1. 在作业纸上用彩色铅笔绘画出 6 对不同形状的眉毛。

_____

参考答案：要求：①采用眉毛描画步骤法一步一步的描画；②眉形左右对称；③画出"上虚下实两头浅"的立体效果。

试题分析：掌握眉形与脸形的搭配，有利于整体妆面的效果。

2. 在模特脸上描画出适合模特的眉形。

_____

参考答案：要求：①采用眉毛描画步骤法一步一步的描画；②眉形左右对称；③画出"上虚下实两头浅"的立体效果；④设计的眉形必须适合模特的脸形。

试题分析：掌握眉形与脸形的搭配，有利于整体妆面的效果。

第二节　面色的修饰

内容提要

通过本节内容的讲解，要让学生知道粉底的作用、面色修饰常用用品工具，掌握粉底涂抹的基本手法、面色修饰的步骤、方法与注意事项，从而培养学生观察、分析、模仿的能力。

一、粉底的作用

肤色在化妆中起着至关重要的作用。一个成功的妆型，很大程度上取决于肤色修饰的状况。因此，如果将化妆比喻为一座高楼大厦，肤色的修饰就是它的基石。同时，肤色修饰的效果，也是检测美容师基本功的重要内容之一。

（一）粉底的作用

1. 调整、统一皮肤色调用粉底可以调整或改变不理想的肤色，如将偏黄黑的肤色

调整为红润的健康色；将无光泽的枯黄肤色变成润泽的嫩粉色等。肤色的调整，原则是要在接近原肤色的基础上选择粉底的颜色。另外，面部除了大的凹凸结构之外，还存在着许多细小的起伏以及分布不均匀的色素。因此，在皮肤表面各部位的色调有深有浅，有明有暗。通过涂底色，统一面部色调，使肤色更加柔和、明晰。

2. 掩盖皮肤瑕疵

粉底具有遮盖性。遮盖力强的粉底，可以掩盖脸上的雀斑、色素等瑕疵以及细小皱纹和黑眼圈等缺陷，从而使瑕疵与缺陷变得不明显。

3. 改善皮肤质地

不同的皮肤类型有不同的皮肤状态。在化妆中，可以通过粉底改善皮肤质地，使皮肤显得光滑细腻。如油性皮肤利用粉质粉底，可以减弱皮肤的光泽和油腻感；干性皮肤通过使用液体粉底，使面部润泽并且细腻。

4. 保护皮肤

粉底可以在皮肤上形成一层保护膜，对日晒、风吹等外界刺激有一定的防御能力。因此，对皮肤具有保护作用。

（二）常用底色的色调

人们的面部富于起伏变化，这种微妙的变化不能只用一种色调的粉底来表现。这是因为在人的面部，受光的程度不同，立体感随之而产生。所以，在面部肤色修饰中，不同的部位要选择不同色调的粉底。化妆中，肤色主要是由基础底色、高光色和阴影色三种色调构成。

1. 基础底色

基础底色起统一皮肤色调的作用，它使皮肤外观具有透明度及光泽感。基础底色的选择非常重要，在挑选时要接近肤色，从而表现皮肤的天然质感。

2. 高光色

高光色浅于基础底色，具有感觉开阔、鼓凸的作用。应用在鼻梁、下眼睑、前额、下颏等需要鼓凸和提亮的部位。

3. 阴影色

阴影色具有收紧、后退和凹陷的作用。利用阴影色，可使扁平的脸庞有立体感。同时，阴影色也可作鼻侧影使用。阴影色要比基础底色暗三四度，可根据肤色的深浅、妆面的浓淡程度来选择深咖啡或浅咖啡的阴影色。

知识点测试

一、填空题

1. 通过涂底色，_____面部色调，使肤色更加_____、_____。

正确答案：统一、柔和、明晰。

试题解析：了解粉底的作用，帮助学生更好的认识化妆。

2. 遮盖力强的粉底，可以掩盖脸上的_____、_____等瑕疵以及细小_____和_____等缺陷，从而使瑕疵与缺陷变得不明显。

正确答案：雀斑、色素、皱纹、黑眼圈。

试题解析：了解粉底的作用，帮助学生更好的认识化妆。

3. 粉底可以在皮肤上形成一层_____，对日晒、风吹等_____有一定的_____。

正确答案：保护膜、外界刺激、防御能力。

试题解析：了解粉底的作用，帮助学生更好的认识化妆。

二、判断题

1. 肤色较深的人，在选择底色时要选偏白色的粉底。　　　　正确答案是：错

试题解析：了解粉底和肤色的关系，帮助学生更好的认识化妆。

2. 阴影色具有收紧、后退和凹陷的作用。　　　　正确答案是：对

试题解析：了解阴影色的作用，帮助学生更好的掌握面色修饰。

3. 高光色浅于基础底色，应用在鼻梁、下眼睑、前额、下颏等需要鼓凸和提亮的部位。

正确答案是：对

试题解析：了解高光色的应用，帮助学生更好地掌握面色修饰。

二、面色修饰常用用品工具

（一）常用的打粉底产品

1. 粉底液、粉底膏。

2. 粉条。

3. 粉饼、粉蜜。

（二）常用粉底修饰工具化妆

1. 海绵。当你使用粉底液涂抹鼻翼、嘴角、眼周以及发际处时，海绵是最好用的工具。打底色时，可先在脸上点上几点底色，然后用海绵擦匀。

2. 粉扑。粉扑是扑按蜜粉的定妆用具。使用时，用一个粉扑蘸上蜜粉，与另外一个粉扑互相揉擦，使蜜粉在粉扑上分布均匀，再用粉扑按皮肤。

3. 蜜粉刷。用它蘸上蜜粉，刷在涂有粉底的脸上，比用粉扑更柔和、更自然，能把粉刷得非常均匀。它还可以用来定妆，也可用来刷去多余的蜜粉，使眼睛、面颊的色彩变得柔和协调。

用蜜粉刷蘸取蜜粉，轻甩多余的蜜粉。以轻弹的方式将蜜粉刷于脸部。最后，由上往下一笔一笔将脸部多余蜜粉刷除。

功能：蘸取蜜粉清扫全脸，可以使蜜粉和粉底融合，而且妆感会比较自然。

三、粉底涂抹的基本手法

涂粉底是借助于海绵和手指来实施的。用海绵涂抹粉底，可以使粉底与皮肤结合得更紧密，速度快而且均匀；运用手指可以对海绵难以深入的细小部位（如鼻翼两侧、

下眼睑及嘴角等处）进行处理。海绵在使用前用清水浸湿，再用干毛巾拧干，使其呈微潮湿状态，以使粉底涂得更服帖。进行粉底的涂抹时，要采用以下手法。

（一）印按法

印按法最为普遍，是最常用的涂抹粉底的方法。手点按下去即将海绵滑向一旁。利用印按法可使粉底涂抹均匀，附着力强，效果自然。

（二）点拍法

点拍法是直上直下拍打，不作任何移动。这种手法涂抹粉底，可使底色与皮肤结合得更牢固，附着力强。但大面积运用此法进行粉底的涂抹，会使粉底涂得太厚，使底色显得不太自然。此法常用于提亮和遮盖瑕疵。

（三）平涂法

平涂法是用海绵在皮肤上来回涂抹。这种手法由于力度轻，粉底的附着力不强，只适用于粉底过厚需要减薄或涂抹上眼睑部位。

涂抹粉底应根据需要采用相应的手法，以上三种手法可以相互结合，使底色效果自然、柔和、服帖。

知识点测试

填空题

1. 粉底的涂抹手法有_____、_____和_____。

正确答案：印按法、点拍法、平涂法。

试题分析：了解粉底的涂抹手法，有助于学生掌握面色的修饰方法。

2. _____是最常用的涂抹粉底的方法，手点按下去即将海绵_____。

正确答案：印按法、滑向一旁。

试题分析：了解粉底的涂抹手法，有助于学生掌握面色的修饰方法。

3. 点拍法是_____拍打，不作任何_____。

正确答案：直上直下、移动。

试题分析：了解粉底的涂抹手法，有助于学生掌握面色的修饰方法。

4. 平涂法是用海绵在皮肤上_____涂抹。这种手法，只适用于粉底过厚_____或_____。

正确答案：来回、需要减薄、上眼睑部位。

试题分析：了解粉底的涂抹手法，有助于学生掌握面色的修饰方法。

二、实操题

根据课堂所学涂抹粉底的三种手法，自己实操练习。

参考答案：（略）

试题分析：了解粉底的涂抹手法，有助于学生掌握面色的修饰方法。

四、面色修饰的步骤、方法与注意事项

（一）步骤及方法

1. 用蘸有粉底的化妆海绵，在额、面颊、鼻、唇周和下颌等部位采用印按的手法，由上至下，依次将粉底涂抹均匀。

2. 用高光色在需要提亮的部位，如鼻梁、额、下颌等部位，采用点拍的手法进行提亮。

3. 采用平涂的手法，进行阴影色的晕染。

4. 定妆：定妆就是用蜜粉将涂好的粉底进行固定，以防止皮肤因油脂和汗腺分泌而引起的脱妆现象，起到柔和妆面和固定底色的作用，是保持妆面干净及底色效果持久的关键步骤。其具体涂抹方法是：用粉扑蘸取少量干粉，轻轻地按压固定妆面。定妆时，千万不能用粉扑在妆面上来回摩擦，这样会破坏妆面。防止脱妆的关键在于鼻、唇及眼周围，这些部位要小心定妆。最后用掸粉刷将多余的蜜粉掸掉。掸余粉时动作要轻，以免破坏妆面。

（二）注意事项

1. 底色要求涂抹均匀，所谓的均匀并不是指面部各部位底色薄厚一致，而是根据面部结构特点，在转折的部位随着粉底量的减少而制造出朦胧感，从而强调面部的立体感。

2. 各部位要衔接自然，不能有明显的分界线。在鼻翼两侧、下眼睑、唇周围等海绵难以深入的细小部位，可以手指进行调整。

3. 阴影色、高光色的位置根据具体的面部特征而有所变化。

4. 定妆要牢固，扑粉要均匀，在易脱妆的部位可多进行几遍定妆。

知识点测试

一、判断题

1. 底色要求涂敷均匀，均匀是指面部各部位底色薄厚一致。　　正确的答案是：错
试题分析：掌握涂抹粉底时的注意事项，有利于肤色的修饰。

2. 鼻翼周围、唇周围及眼周围最易脱妆。　　正确的答案是：对
试题分析：掌握涂抹粉底时的注意事项，有利于肤色的修饰。

3. 蜜粉能抑制粉底过分的油光，使肤色更加自然，并防止脱妆。

正确的答案是：对
试题分析：正确的运用蜜粉的涂抹，能使妆面自然且不易脱妆。

4. 底色涂抹的基本涂抹方向是由下向上，由外向内。　　正确的答案是：错
试题分析：掌握正确的底色的涂抹手法，有利于面色修饰的效果。

5. 涂高光色应用平涂法手法涂抹　　正确的答案是：错
试题分析：掌握正确的底色的涂抹手法，有利于面色修饰的效果。

二、实操题

找一模特练习面色修饰的步骤、方法。

参考答案：（略）

试题分析：掌握眉形与脸形的搭配，有利于整体妆面的效果。

第三节 眼影的晕染

内容提要

通过本节知识点的讲解，要让学生知道眼影晕染的作用，了解涂眼影的要求，掌握涂眼影的正确位置及学会单色晕染、上下晕染、左右晕染的描画方法，培养学生观察、分析、模仿的能力。

一、眼影晕染的作用

眼影晕染的作用如下：

（1）眼影的晕染可强调和调整眼部凹凸结构。

（2）可表现妆型特点，使眼睛显得妩媚动人。

（3）眼影晕染营造出深邃感。

（4）在晕染的同时起到了增大眼睛的效果。

知识点测试

填空题

1. 眼影的晕染可_____和_____眼部凹凸结构。

正确答案：强调、调整。

试题分析：眼影的晕染可强调和调整眼部凹凸结构。

2. 眼影可表现_____特点，使眼睛显得妩媚动人。

正确答案：妆型。

试题分析：眼影可表现妆型特点，使眼睛显得妩媚动人。

3. 眼影晕染营造出_____感。

正确答案：深邃。

试题分析：眼影晕染营造出深邃感。

4. 眼影在晕染的同时起到了_____的效果。

正确答案：增大眼睛。

试题分析：眼影在晕染的同时起到了增大眼睛的效果。

二、涂眼影的要求

涂眼影的要求：

（1）眼影色与妆型服饰色相协调。

（2）眼影晕染的形式要符合眼形的要求。

（3）色彩过渡要柔和，多色眼影搭配时要求丰富而不混浊。

（4）有形无边。

（5）各种晕染方法不是独立的，没有绝对的界限，（立体晕染中也常常包含表现色彩变化的内容，而水平晕染中也常常要估计到眼部凹凸结构的因素）只是所表现的侧重点不同，总之是符合眼形结构。

（6）各种晕染方法相互结合，形成千变万化的妆面效果。

知识点测试

判断题

1. 眼影晕染的形式符合眼形的要求。　　　　　　　　　正确的答案是：对

试题分析：在美容化妆中，眼影晕染的形式要符合眼形的要求。

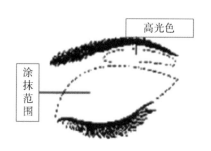
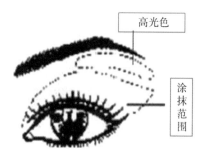

2. 各种眼影晕染方法是独立的。　　　　　　　　　　正确的答案是：错

试题分析：在美容化妆中，各种眼影晕染方法不是独立的，没有绝对的界限（立体晕染中也常常包含表现色彩变化的内容，而水平晕染中也常常要估计到眼部凹凸结构的因素），只是所表现的侧重点不同，总之是符合眼形结构。

3. 眼影晕染要做到有形无边。　　　　　　　　　　　正确的答案是：对

试题分析：在美容化妆中，眼影晕染。化妆中我们要握好眼影晕染的位置和形状。

4. 眼影晕染中色彩过渡要清晰鲜明。　　　　　　　　正确的答案是：错

试题分析：色彩过渡要柔和，多色眼影搭配时丰富而不混浊。

三、涂眼影的正确位置

（一）涂眼影的正确位置

上眼睑处涂眼影的位置：根据需要可局部或全部覆盖上眼睑。涂抹时要与眉毛有

一些空隙，眉尾下部要完全空出。

下眼睑处涂眼影的位置：根据妆面控制范围大小，一般位置在下睫毛根部地方，面积较小。

（二）涂眼影的范围

高光色、涂抹范围。

（三）涂眼影的方法

涂眼影的方法有四：

（1）运用晕染的手法完成。（2）晕染颜色不能成块状堆积。（3）要有深浅变化，要显得自然柔和。（4）通常眼影的晕染有两种方法：一种是立体晕染，一种是水平晕染。

分述如下：

1. 立体晕染，是指按素描绘画的方法晕染，将深暗色涂于眼部的凹陷处，将浅亮色涂于眼部的凸出部位。暗色与亮色的晕染要衔接自然，明暗过渡合理。立体晕染的最大特点是通过色彩明暗变化来表现眼部的立体结构。它包括：立体渐层法、大倒钩、小倒钩。

2. 平面晕染，是将眼影色在睫毛根部涂抹，并向上晕涂，平面晕染的特点是通过表现色彩的变化来美化眼睛。它包括：平涂法、渐层法、段式法、烟熏法。

知识点测试

判断题

1. 涂抹眼影时无须与眉毛保留空隙。 正确的答案是：错

试题分析：

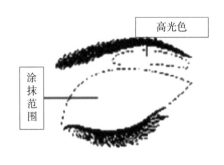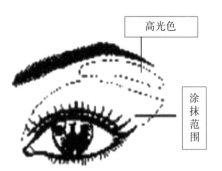

2. 眼影的晕染方法有横向晕染和水平晕染。 正确的答案是：错

试题分析：眼影的晕染方法有立体晕染和水平晕染。

3. 段式法属于平面晕染法。 正确的答案是：对

试题分析：平面晕染包括：平涂法、渐层法、段式法、烟熏法。

4. 立体晕染是通过色彩明暗变化来表现眼部的立体结构。 正确的答案是：对

试题分析：色彩明暗的变化与对比才能体现出立体的结构。

四、眼影搭配晕染的方法：单色晕染

（一）单色眼影晕染的特点

任何一种颜色都可以作为眼影来化妆，单色眼影化妆也应有浓有淡，有深浅变化，单色化妆比较自然，易单调。

（二）单色晕染方法

单色眼影是最简单的涂法，适用于任何眼形，薄薄的、一层层的，让眼影的厚薄度不同而呈现出立体感，不花哨地展现清澈干净的眼神。

用眼影刷蘸取适量的接近肤色眼影，沿眼睫毛根部渐渐向上晕染，晕染一般不超过眼窝范围外。把它大范围的涂抹晕开，一是修饰肌肤；二是使眼睛添加亮彩。

知识点测试

判断题

1. 任何一种颜色都可以作为眼影单色晕染。　　　　　　　　正确的答案是：对

试题分析：单色晕染眼影色的选择范围广，任何色彩单独使用都可。

2. 单色眼影晕染时无需考虑颜色的浓淡与深浅。　　　　　　正确的答案是：错

试题分析：单色眼影晕染时仍需要考虑色彩的晕染层次感。

3. 为了体现眼部的立体感，眼影晕染时睫毛根部的色彩略深于上方眼睑晕染色彩。

正确的答案是：对

试题分析：单色眼影晕染需要考虑色彩晕染的层次感，因此一般睫毛根部的色彩略深于上方眼睑晕染色彩。

4. 单色眼影是最简单的涂法，适用于任何眼形。　　　　　　正确的答案是：对

试题分析：单色眼影晕染方法是眼影晕染方法中最简单、最基础的涂抹方法，任何眼形都适用。

五、眼影搭配晕染的方法：上下晕染

上下眼影晕染特点：

上下眼影晕染又称纵向排列法，是较传统的晕染方法，是用单色或多色眼影向上晕染，色彩过渡由深至浅或由浅至深的晕染方式。

上下眼影晕染方法：

1. 上浅下深晕染法。

2. 上深下浅晕染法。

（一）上浅下深晕染法

步骤与方法

1. 从外眼角落笔，沿睫毛根部向内眼角晕染，再向上平行进行由深到浅的晕染至

恰当位置。

2. 在眶上缘部位提亮。

（二）上深下浅晕染法

步骤与方法

1. 根据眼形条件，在上眼睑画出假眼睑的线条。

2. 在双眼睑内用高光色进行晕染。

3. 在双眼睑位置以上，进行上深下浅的晕染（方法同下深上浅晕染法）。

4. 在眶上缘部位进行提亮。

知识点测试

填空题

1. 上下眼影晕染是用单色或多色眼影向上晕染，色彩过渡_____或_____的晕染方式。

正确答案：由深至浅、由浅至深。

试题分析：上下眼影晕染又称纵向排列法，是较传统的晕染方法，是用单色或多色眼影向上晕染，色彩过渡由深至浅或由浅至深的晕染方式。

2. 上下眼影晕染方法包括_____晕染法和_____晕染法。

正确答案：上浅下深、上深下浅。

试题分析：上下眼影晕染方法包括上浅下深晕染法和上深下浅晕染法。

3. 上浅下深眼影晕染要从_____落笔。

正确答案：从外眼角。

试题分析：上浅下深晕染法步骤中，从外眼角落笔，沿睫毛根部向内眼角晕染，再向上平行进行由深到浅的晕染至恰当位置。

4. 上浅下深眼影晕染中最后步骤是_____。

正确答案：在眶上缘部位进行提亮。

试题分析：上浅下深眼影晕染中最后步骤是在眶上缘部位进行提亮。

六、眼影搭配晕染的方法：左右晕染

左右眼影晕染方法包括：1/2 排列晕染法、1/3 排列晕染法。分述如下：

（一）左右眼影晕染的特点

1/2 排列晕染法也称左右晕染法，即将上眼睑分左、右两部分进行横向晕染。此种眼影排列方式色彩对比夸张，具有较强的修饰性，适用于晚妆、时装表演等修饰性较强的妆面。

1/3 排列晕染法是由上眼睑横向分为两个区域进行晕染，此种眼影搭配方法可以采用对比色或邻近色，也可根据个人的需要随意变化，适用于各种妆型及眼形。

（二）1/2 排列晕染法

步骤与方法：

1. 选用较浅的眼影色，从①区内眼角落笔向②区外眼角进行晕染。

2. 选用较深的眼影色，从②区外眼角处落笔向①区内眼角进行晕染。

3. 在眶上缘部分提亮。

（三）1/3 排列晕染法

步骤与方法：

1. 选用较浅的眼影色，由内眼角入笔晕染①区。

2. 选用较深的眼影色，由②去外眼角入笔向①区进行晕染。

知识点测试

判断题

1.1/2 排列晕染法也称左右晕染法。　　　　　　　正确的答案是：对

试题分析：1/2 排列晕染法也称左右晕染法，即将上眼睑分左、右两部分进行横向晕染。

2.1/2 排列晕染法适用于晚妆、时装表演等修饰性较强的妆面。

正确的答案是：对

试题分析：1/2 排列晕染法也称左右晕染法，即将上眼睑分左、右两部分进行横向晕染。此种眼影排列方式色彩对比夸张，具有较强的修饰性，适用于晚妆、时装表演等修饰性较强的妆面。

3.1/3 排列晕染法是由上眼睑横向分为 3 个区域进行晕染。　正确的答案是：错

试题分析：1/3 排列晕染法是由上眼睑横向分为两个区域进行晕染。

4. 左右晕染法中用较浅的眼影色，从外眼角落笔向内眼角进行晕染。

正确的答案是：错

试题分析：左右晕染法中用较浅的眼影色，从内眼角落笔向外眼角进行晕染。

第四节　睫毛线与睫毛的修饰

内容提要

通过本节讲解，学生应该了解睫毛与睫毛线相关知识，掌握睫毛线的画法，夹睫毛、涂睫毛膏及粘假睫毛的方法及注意事项，从而达到培养学生观察、分析、模仿的能力的目的。

一、睫毛线

（一）睫毛线的概念

睫毛线俗称眼线，事实上，并不存在生理学上的睫毛线，而是在化妆领域，我们假想从第一根睫毛生长的地方至最后一根睫毛处有一根连线，在化妆专业术语中称之为睫毛线。

（二）睫毛线在化妆中的作用

1. 通过睫毛线的描画，可以使眼睑边缘清晰；

2. 通过睫毛线的描画，使眼缘加深，形成与眼部巩膜明显的黑白对比，增加眼睛的光彩和亮度；

3. 通过睫毛线的描画，可以调整眼睛的形状。

知识点测试

一、填空题

_____俗称眼线，事实上，并不存在生理学上的_____，而是在_____领域，我们假想从第一根睫毛生长的地方至最后一根睫毛处有一根连线。

正确答案：睫毛线、睫毛线、化妆。

试题分析：在美容化妆中，掌握眼部的修饰是至关重要的，特别是眼形的修饰与调整。理解睫毛线在化妆中的专业名称也是学生应掌握的基本知识。

二、简答题

睫毛线在化妆中的作用。

参考答案：1. 通过睫毛线的描画，可以使眼睑边缘清晰；2. 通过睫毛线的描画，使眼缘加深，形成与眼部巩膜明显的黑白对比，增加眼睛的光彩和亮度；3. 通过睫毛线的描画，可以调整眼睛的形状。

试题分析：在美容化妆中，掌握眼部的修饰是至关重要的，特别是眼形的修饰与调整。理解睫毛线在化妆中的作用尤为重要。可以培养学生形成如何进行眼形调整的基本思路。

二、睫毛线描画步骤方法及注意事项

（一）睫毛线的描画步骤及方法

1. 找睫毛根

画睫毛眼线前，先用手指提起上眼睑，露出睫毛根部，贴近睫毛根部自然地描画。一点一点将睫毛缝隙填满。

2. 描画上睫毛线

上睫毛线要先从内眼角部分画起，贴着睫毛根部一直画到外眼角，线条由细变粗。特别是外眼角与下睫毛线相连接的地方，要适当地加粗并微微向上扬起。

3. 描画下睫毛线

只画 2/3，空出 1/3 的眼头位置用珠光眼影粉提亮。由外眼角向内眼角描画，线条由粗变细。

4. 勾画眼头

轻提内眼角露出眼头的位置，顺着内眼角的弧度，用眼线笔稍微勾画一下，也可适当延长出一点，会使眼睛看起来长一些，使眼形更美。

（二）睫毛线描画的注意事项

1. 描画上睫毛线的高点在眼睛平视的瞳孔外侧部分，描画时紧贴睫毛根，不留空隙。

2. 描画下睫毛线时，要利用笔的描画角度，造成睫毛的虚实感。

3. 描画睫毛线，要依据睫毛生长规律，做到上七下三，使描画的睫毛线真实自然。

知识点测试

一、填空题

1. 画睫毛眼线前，先用_____撑住眼皮，露出_____根部，睫毛线要贴近_____根部描画才自然。要点是_____。

正确答案：手指、睫毛、睫毛、一点一点将睫毛缝隙填满。

试题分析：在美容化妆中，掌握眼部的修饰是至关重要的，特别是眼形的修饰与调整。掌握睫毛线的专业描画方法是学生应掌握的基本技能。

2. _____要先从_____部分画起，贴着睫毛根部一直画到_____，线条_____。特别是_____。

正确答案：上眼线、眼头、眼角、由细到粗、外眼角与下眼线相接的地方，要大胆地加粗并微微向上扬起。

试题分析：在美容化妆中，掌握眼部的修饰是至关重要的，特别是眼形的修饰与调整。掌握睫毛线的专业描画方法是学生应掌握的基本技能。

二、简答题

睫毛线在描画中的注意事项。

参考答案：①上睫毛线的高点在瞳孔平视的外侧部分，描画时紧贴睫毛根，不留空隙。②描画下睫毛线时，要利用笔的描画角度，造成睫毛的虚实感。③描画睫毛线，要依据睫毛生长规律，做到上七下三，使描画的睫毛线真实自然。

试题分析：在美容化妆中，掌握眼部的修饰是至关重要的，特别是眼形的修饰与调整。理解睫毛线在描画中的注意事项尤为重要。可以让学生知道进行睫毛线描画过程中的应该注意到的关键点，通过睫毛线描画技能掌握的正确性及准确度，提高训练效率。

三、睫毛

（一）睫毛的概念、功能

睫毛生长于眼缘前唇，排列成 2～3 行，短而弯曲。上眼睫毛多而长，通常有 100～150 根，长度平均为 8～12mm，稍向前方弯曲生长。

睫毛有保护作用，上下眼缘睫毛似排排卫士，排列在睑裂边缘。睫毛是眼睛的第二道防线，东西接近眼睛，首先要碰到睫毛，睫毛有防止灰尘、异物、汗水进入眼内，和眼睑一起对角膜、眼球进行保护的作用。睫毛还能防止紫外线对眼睛的损害。

（二）睫毛在化妆中的作用

1. 细长、弯曲、乌黑、闪动而富有活力的睫毛，对眼形美以及整个容貌美都具有重要作用。

2. 在化妆中，长而浓密的睫毛使眼睛充满魅力。而亚洲人的睫毛比较直、硬、短，化妆中需要修饰。

知识点测试

简答题

1. 什么是睫毛？

参考答案：睫毛生长于眼缘前唇，排列成 2～3 行，短而弯曲。上眼睫毛多而长，通常有 100～150 根，长度平均为 8～12mm，稍向前方弯曲生长。

试题分析：在美容化妆中，掌握眼部的修饰是至关重要的，特别是眼形的修饰与调整。掌握睫毛的概念是学生应掌握的基本知识。

2. 睫毛的功能是什么？

参考答案：有保护作用。上下眼缘睫毛似排排卫士，排列在睑裂边缘。睫毛是眼睛的第二道防线，东西接近眼睛。首先要碰到睫毛，睫毛有防止灰尘、异物、汗水进入眼内，和眼睑一起对角膜、眼球进行保护的作用。睫毛还能防止紫外线对眼睛的损害。

3. 睫毛在化妆中的作用是什么？

参考答案：①细长、弯曲、乌黑、闪动而富有活力的睫毛，对眼形美以及整个容貌美都具有重要作用。②在化妆中，长而浓密的睫毛使眼睛充满魅力。而亚洲人的睫毛比较直、硬、短，化妆中需要修饰。

试题分析：在美容化妆中，掌握眼部的修饰是至关重要的，特别是眼形的修饰与调整。理解睫毛在化妆中的作用十分重要。

四、夹卷睫毛的方法及注意事项

（一）夹卷睫毛的步骤与方法

1. 眼睛向下看，将睫毛夹夹到睫毛根部，使睫毛夹与眼睑的弧线相吻合，夹紧睫毛 5 秒左右松开，不移动夹子的位置连做 1～2 次，使弧度固定。

2. 用睫毛夹夹在睫毛的中部，顺着睫毛上翘的趋势，夹 5 秒左右松开。

3. 最后用睫毛夹在睫毛夹在末端再夹 1 次，时间 2～3 秒，形成自然的弧度。

（二）夹卷睫毛的注意事项

1. 夹睫毛时睫毛要干净，如有灰尘或残留的睫毛液，会造成睫毛的损伤或折断。

2. 若睫毛卷翘度不理想，可以重复夹。

3. 夹睫毛时动作要轻。

五、涂睫毛膏的方法及注意事项

（一）涂睫毛膏的方法

1. 常见的睫毛膏的颜色：

（1）黑色睫毛膏：最常用的一种颜色，适合白天使用，起到基本的提亮眼神、增大眼睛的视觉效果。

（2）蓝色睫毛膏：最适合在晚间聚会使用；在灯光下会产生幽暗的反光效果。

（3）棕色睫毛膏：适合肤色和发色较浅的人，不会产生沉重感。

（4）金色睫毛膏：用于点亮整体妆容是最好的选择，夸张的光泽适合造型感强烈的妆面。

（5）红色、紫色等暖色调的睫毛膏：与东方人的皮肤颜色及瞳孔颜色搭配起来对比不够强烈，不要轻易使用。

2. 涂睫毛膏的方法：

（1）涂上眼睑的睫毛：眼睛视线向下，用睫毛刷从根部向睫毛稍微纵向涂抹。

（2）涂抹下眼睑的睫毛：眼睛视线向上，水平移动粘满睫毛膏的睫毛刷尖端，使每根睫毛都均匀地粘在睫毛膏。

（3）需要厚涂睫毛膏时，用 Z 字形刷法可以让睫毛更浓密，刷眼角时竖着刷。应该先涂上睫毛，再涂下睫毛，每次薄涂，待前一次干透后再涂一次，多次涂抹效果较好。

（4）涂完睫毛膏后，用睫毛刷顺着睫毛生长方向向外轻梳，不要让睫毛粘在一起。

（二）涂睫毛膏的注意事项

1. 涂睫毛膏时手要稳，以免涂到皮肤上。

2. 涂刷上睫毛时，横向拿睫毛刷，从里往外刷，眼睛视线始终保持向下，不移动。

3. 涂刷下睫毛时，睫毛刷先竖起来刷，左右拨动睫毛，然后再横刷。用面纸衬垫于睫毛下，以免睫毛液溅落到皮肤上。

4. 对粘在一起的睫毛可用睫毛梳梳理。

知识点测试

简答题

1. 什么是睫毛膏涂抹的方法？

参考答案：①涂上眼睑的睫毛：眼睛视线向下，用睫毛刷从根部向睫毛稍微纵向涂抹。②涂抹下眼睑的睫毛：眼睛视线向上，水平移动粘满睫毛膏的睫毛刷尖端，使每根睫毛都均匀地粘在睫毛膏。③需要厚涂睫毛膏时，用 Z 字形刷法可以让睫毛更浓密，刷眼角时竖着刷。应该先涂上睫毛，再涂下睫毛，每次薄涂，待前一次干透后再涂一次，多次涂抹效果较好。④涂完睫毛膏后，用睫毛刷顺着睫毛生长方向向外轻梳，不要让睫毛粘在一起。

试题分析：在美容化妆中，掌握眼部的修饰是至关重要的，特别是眼形的修饰与调整。掌握睫毛膏涂抹方法的理论知识，可以帮助学生掌握正确的操作方法，以便掌握专业技能。

2. 常用睫毛膏的颜色及其在化妆中的作用有哪些？

参考答案：①黑色睫毛膏：最常用的一种颜色，适合白天使用，起到基本的提亮眼神，增大眼睛的视觉效果；②蓝色睫毛膏：最适合在晚间聚会使用；在灯光下会产生幽暗的反光效果；③棕色睫毛膏：适合肤色和发色较浅的人，不会产生沉重感；④金色睫毛膏：用于点亮整体妆容是最好的选择，夸张的光泽适合造型感强烈的妆面；⑤红色、紫色等暖色调的睫毛膏：与东方人的皮肤颜色及瞳孔颜色搭配起来对比不够强烈，不要轻易使用。

试题分析：在美容化妆中，掌握眼部的修饰是至关重要的，特别是眼形的修饰与调整。掌握睫毛膏常用颜色及其在化妆中的作用，有助于学生应掌握的基本知识，拓展知识面。便于今后指导其服务对象进行产品选择。

3. 睫毛膏涂抹时应注意的事项有哪些？

参考答案：①涂睫毛膏时手要稳，以免涂到皮肤上。②涂刷上睫毛时，横向拿睫毛刷，从里往外刷，眼睛视线始终保持向下，不移动。③涂刷下睫毛时，睫毛刷先竖起来刷，左右拨动睫毛，然后再横刷。用面纸衬垫于睫毛下，以免睫毛液溅落到皮肤上。④对粘在一起的睫毛可用睫毛梳梳理。

试题分析：在美容化妆中，掌握眼部的修饰是至关重要的，特别是眼形的修饰与调整。理解睫毛膏涂抹时应注意的事项，与助于学生在练习时，用正确的方法，对于学生在化妆中技能水平提高的作用十分重要。

六、假睫毛

（一）假睫毛的概念与种类

1. 假睫毛的概念：假睫毛是一种美容用品，是运用手工制作、半手工制作、机器制作把一根一根的睫毛丝勒起来而制成的。做工精细，方便实用。

2. 假睫毛的种类：

（1）影视型睫毛：佩戴后，眼睛的立体感非常明显，适合于摄影妆、舞台妆等。

（2）个性睫毛：是一种设计独特、彰显个性的睫毛，比其他几种更长、更密，适用于戏剧、舞台表演或特殊妆容。

（3）交叉仿真人型睫毛：佩戴以后，非常自然，适合新娘妆、日妆等，有黑色、蓝色、咖啡色和紫色。

（二）假睫毛在化妆中的作用

1. 运用假睫毛可以美化眼睛，正确地使用会使眼睛楚楚动人，使女性看上去更具艺术、神秘与华贵气质。

2. 运用假睫毛在妆容的创作中，将使妆容更传神，更具魅力。

3. 运用假睫毛在舞台上，或是风尚妆容中，可以使脸部生动、充满吸引力。

知识点测试

一、填空题

假睫毛有许多类，最常见的有_____、_____、_____。

正确答案：影视型睫毛、个性睫毛、交叉仿真人型睫毛。

试题分析：在美容化妆中，掌握眼部的修饰是至关重要的，特别是眼形的修饰与调整。掌握假睫毛的种类是学生应掌握的基本知识。

二、简答题

1. 什么是假睫毛？

_____

参考答案：假睫毛是一种美容用品，是运用手工制作、半手工制作、机器制作把一根一根的睫毛丝勒起来而制成的。做工精细，方便实用。

试题分析：在美容化妆中，掌握眼部的修饰是至关重要的，特别是眼形的修饰与调整。掌握假睫毛的概念是学生应掌握的基本知识。

2. 假睫毛在化妆中作用有哪些？

_____

参考答案：①运用假睫毛可以美化眼睛，正确的使用会使眼睛楚楚动人，使女性看上去更具艺术、神秘与华贵气质。②运用假睫毛在妆容的创作中，将使妆容更传神，

更具魅力。③运用假睫毛在舞台上，或是风尚妆容中，可以使脸部生动、充满吸引力。

试题分析：在美容化妆中，掌握眼部的修饰是至关重要的，特别是眼形的修饰与调整。理解假睫毛在化妆中的作用十分重要。有助于学生在运用中作出正确的选择。

七、粘假睫毛的方法及注意事项

(一) 粘假睫毛的方法

1. 用镊子小心取出假睫毛，两手小心地捏着假睫毛的两端，反复弯出弧度，柔韧假睫毛，使其符合眼睛的弧度。

2. 先将假睫毛放到眼睛上比一下长度。然后，用专用小剪刀修剪睫毛，把两头多出的连接线剪掉。

3. 在化妆中，长而浓密的睫毛使眼睛充满魅力。而亚洲人的睫毛比较直、硬、短，化妆中需修饰。

4. 用镊子夹住假睫毛，小心地把睫毛胶用小刷刷到假睫毛的连接线上。因两端容易脱落，用量应稍多一些。大约 5 秒钟左右，睫毛胶粘合力最强。

5. 用镊子夹着上好胶的假睫毛，先把中间固定在上眼睑的中部。然后用手调整假睫毛的头尾，固定一下。再用手按大约 10 秒钟左右，使真假睫毛完全糅合。

6. 最后，刷上一层睫毛膏，将真假睫毛粘在一起，避免分层。

(二) 粘假睫毛的注意事项

1. 频繁地眨眼，容易造成内外眼角处假睫毛内眼角开胶的状况。特别是假睫毛的根部连接线较硬的时候，不仅要掌握好粘贴的角度，更需要假睫毛的质地较好。

2. 涂抹胶水的时候，一般要等胶水半干时再粘贴。

3. 假睫毛的修剪要自然，粘贴要牢固，真假睫毛的上翘弧度要一致。

知识点测试

简答题

1. 概述粘贴假睫毛的方法。

参考答案：①用镊子小心取出假睫毛，两手小心地捏着假睫毛的两端，反复弯出弧度，柔韧假睫毛，使其符合眼睛的弧度。②先将假睫毛放到眼睛上比一下长度。然后用专用小剪刀修剪睫毛，把两头多出的连接线剪掉。③用镊子夹住假睫毛，小心地把睫毛胶用小刷刷到假睫毛的连接线上。因两端容易脱落，用量应稍多一些，大约 5 秒钟以后，此时睫毛胶粘合力最强。④用镊子夹着上好胶的假睫毛先把中间固定在上眼睑的中部。然后用手帮忙调整假睫毛的头尾，固定一下。用手按大约 10 秒钟左右，使真假睫毛完全糅合。⑤最后刷上一层睫毛膏，将真假睫毛粘在一起，避免分层。

试题分析：在美容化妆中，掌握眼部的修饰是至关重要的，特别是眼形的修饰与调整。掌握粘贴假睫毛的注意事项是学生应掌握的基本知识。有助于学生在技能的练习过程中方法得当。有助于技能掌握的准确性。

2. 粘贴假睫毛的注意事项有哪些?

参考答案:①频繁地眨眼,容易造成内外眼角处假睫毛内眼角开胶的状况。特别是假睫毛的根部连接线较硬的时候,不仅要掌握好粘贴的角度,更需要假睫毛的质地较好。②涂抹胶水的时候,一般要待胶水半干时再粘贴。③假睫毛的修剪要自然,粘贴要牢固,真假睫毛的上翘弧度要一致。

试题分析:在美容化妆中,掌握眼部的修饰是至关重要的,特别是眼形的修饰与调整。掌握粘贴假睫毛的注意事项,有助于学生在技能的练习过程中避免错误,提高掌握的准确性。

第五节 面颊的修饰

内容提要

通过本节内容的讲解,要使学生知道颊红的作用,了解颊红的产品分类,掌握标准面型颊红的位置、晕染方法和操作的注意事项,从而达到培养学生观察、分析、模仿的能力的目的。

一、颊红的作用

(一) 颊红的作用

1. 用于面颊和轮廓的修饰,可使面色红润显健康,并可适当地调整脸形的轮廓。

2. 颊红最主要的就是粉色系和橙色系。

3. 让脸变长的方法是在脸颊竖角度打颊红,在视觉上把两侧脸颊肉肉的感觉削去一些。

4. 比较实用的方法是用橙色和粉色的颊红同时使用。橙色打在脸颊外侧,粉色点在笑肌最高点,看起来轮廓和层次感会很棒。

(二) 各种脸形的颊红打法

1. 长脸形:以鬓发为起点,不可高过外眼角,横向晕染。

2. 方脸形:以鬓发为起点,不可高过外眼角,斜纵向晕染,面积宜小,颜色宜浅淡。

3. 圆脸形:以鬓发为起点,斜向晕染,面积不宜过大。

4. 由字脸(正三角脸):以鬓发为起点,略高于外眼角,斜纵向晕染。

5. 申字脸(菱形脸):以鬓发为起点,不可高过外眼角,斜向晕染。

知识点测试

一、填空题

1. 颊红可使面色红润显得健康，并可适当地_____。

正确答案：调整脸形的轮廓。

试题分析：用于面颊轮廓的修饰，并可适当地调整脸形的轮廓。

2. 颊红最主要就是_____和橙色系。

正确答案：粉色系。

试题分析：腮红最主要就是粉色系和橙色系，可使面色红润显得健康。

3. 让脸变长的方法是在脸颊_____角度打颊红。

正确答案：竖。

试题分析：让脸变长的方法是在脸颊竖角度打颊红，在视觉上把两侧脸颊肉肉的感觉削去一些。

二、简答题

圆脸形颊红的晕染方法要点是什么？

_____

参考答案：以鬓发为起点，斜向晕染，面积不宜过大。

试题分析：圆脸形颊红晕染以鬓发为起点，斜向晕染，面积不宜过大，以此达到减小脸形的效果。

二、颊红的产品分类

（一）颊红的种类

1. 液状颊红：含油量少，或不含油。使用液状腮红要小心控制涂擦晕染的范围，适合偏油性的肌肤使用。代表化妆品：benefit 胭脂水。

2. 慕斯颊红：质地清淡，一次用量不宜太多，以多次覆盖方式涂擦，效果会比较自然。适合偏油性的肌肤使用。

3. 乳霜颊红：质地柔滑，一次用量不宜太多，控制不好面积就会越擦越大，适合偏干性肌肤使用。

4. 膏饼颊红：适合搭配海绵使用，延展效果较佳。可以制造出健康流行的油亮妆效，适合偏干的肤质使用。

5. 粉末颊红：质地轻薄，容易控制涂擦范围，适用于初学者和偏油性皮肤使用。

（二）选购要诀

1. 要注意与肌肤的融合性。购买腮红时，可以在手背上试用腮红的质感，除了要观察融合程度，还要注意腮红在肌肤上的实际效果。如果是膏状腮红，要注意推展性。如果是粉状腮红，要注意附着力。

2. 注意选购搭配肤色的腮红。偏黄的肤色适合橘色或粉色系的腮红，可以呈现出

健康的色泽。偏黑的肤色适合橘色的腮红，要注意粉底不要搭配过亮的类型。

3. 注意气候因素。在气温比较潮湿的地方，选择粉状腮红比较不会感觉过油或是容易脱妆，而且颜色的浓淡比较容易控制，便于补妆。

知识点测试

判断题

1. 粉末颊红的质地轻薄，容易控制涂擦范围，适用于初学者和偏油性皮肤使用。

正确的答案是：对

试题分析：粉末颊红的特征及适用人群。

2. 慕斯颊红的质地清淡，一次用量需多些，适合干性的肌肤使用。

正确的答案是：错

试题分析：慕斯颊红的质地清淡，一次用量不宜太多。

3. 选购颊红时需要考虑到与肤色搭配、与肌肤的融合性、气候因素。

正确的答案是：对

试题分析：选购颊红的要素。

4. 偏黑的肤色既适合橘色颊红又适合粉色颊红。 正确的答案是：错

试题分析：偏黑的肤色只适合橘色颊红。

三、标准面型颊红的位置

标准面型颊红的位置在颧骨上，即笑时面颊能隆起的部位。一般情况下，颊红向上不可超过外眼角的水平线，向下不得低于嘴角的水平线，向内不能超过眼睛的 1/2 垂直线。在化妆时，晕染颊红的位置要根据每个人的面型而定。

知识点测试

判断题

1. 标准面型颊红的位置在颧骨上，即笑时面颊能隆起的部位。正确的答案是：对

试题分析：标准的面型颊红核心位置的体现。

2. 颊红向上不可超过眉峰的水平线。 正确的答案是：错

试题分析：颊红向上不可超过外眼角的水平线。

3. 颊红向下不得低于嘴角的水平线。 正确的答案是：对

试题分析：颊红晕染下方底线范围的明确。

4. 颊红向内不能超过内眼角。 正确的答案是：错

试题分析：向内不能超过眼睛的 1/2 垂直线。

四、颊红的晕染方法

（1）横向颊红晕染法。（适用于长脸形）

（2）横向握腮红刷，平行扫在脸颊两侧，鼻梁处轻轻带过一点红晕。

（3）注意手腕的力量要均匀，不要在某处有过重的停顿。

（4）圆形颊红晕染法。（适用于标准脸形）

（5）微笑，找出颧骨最高点，然后立起腮红刷，以画圆的手法把粉状颊红色涂抹在两颊颧骨处。

（6）也可以使用膏状腮红，直接用手涂抹在颧骨最高处，像抹粉底霜一样，一点点晕染成圆圆的形状。

（7）斜线颊红晕染法。（适用于圆脸形、方脸形、宽脸形）

（8）由太阳穴位置向颧骨方向斜扫，这是表现成熟味道的关键。

（9）用大号粉刷蘸颊红后自然晕染，不要低于鼻子，不要过于颧骨。

五、涂颊红的注意事项

（1）涂得太高：不要以为画高位置的腮红就会缩短脸的长度，相反，和眼睛连在一起的腮红，不但没有让脸部看起来健康或立体，反而破坏了眼睛的魅力。

（2）涂得太低：随便刷两下就表示上过妆了吗？腮红刷低了，看起来不但好笑，而且整个脸有下垂的感觉。

（3）颜色过深：适当用蜜粉扫在过浓的腮红上会减淡一些，但如果一开始就选错了颜色，怎样高超的化妆技巧都无力回天，过深的颜色会让你的脸看上去脏脏的，如果不想要这种效果，就只有重新选了。

（4）面积太大：腮红刷大都比较粗大，随便这里补一点那里补一点，就会画上很大的面积了。红红的一片苹果脸，既不像晒伤妆的前卫也不像娃娃妆的甜美。所以，画腮红切忌大面积平铺，而应该从一个中心漫开。

（5）只有浓浓的一小块：很想画娃娃妆？请注意脸颊那两坨红红的粉有没有渐层向外晕开，否则小心娃娃不成变小丑啊！

（6）妆容褪色：一般来说，油性皮肤的人上妆不容易持久，时间长了甚至会出现块状与色彩不均匀的现象。所以，在上腮红之前，可以在脸上先扑上足够的蜜粉，这样就不会出现上面的情况了。

知识点测试

简答题
涂颊红时容易出现哪些失误？

参考答案：①涂得太高；②涂得太低；③颜色过深；④面积太大；⑤只有浓浓的一小块；⑥妆容褪色。

第六节　鼻 的 修 饰

内容提要

通过本节知识点的讲解，要让学生了解鼻外部结构和鼻型种类，掌握鼻部的修饰步骤与方法及操作中的注意事项，从而培养学生观察、分析、模仿的能力。

一、鼻外部结构

1. 鼻根：指鼻梁上端与额部相连处。

2. 鼻梁：人体的一部分，位于眼睛下方，嘴巴上方。鼻梁直接置于鼻子上，也通过托叶支撑于鼻子。

3. 鼻翼：位于鼻尖两侧，由皮肤、皮下层软组织及软骨组成。

4. 鼻头：即鼻子最高点，称鼻尖。

5. 鼻中隔：把鼻腔分成左右两部分的组织，通常为软骨，但在披毛犀等一些种类中已完全骨化。

6. 鼻孔：鼻子的外开口，鼻子和外面相通的孔道，泛指带有鼻子外开口的鼻窝的前部。

知识点测试

简答题

鼻的外部结构由哪些部分组成？

_____

参考答案：①鼻根；②鼻梁；③鼻翼；④鼻头；⑤鼻中隔；⑥鼻孔。

二、标准鼻型

（1）标准鼻型的长度为面部长度的1/3；

（2）鼻的宽度为面部宽度的1/5；

（3）鼻根位于两眉之间，鼻梁由鼻根向鼻尖逐渐隆起，鼻翼两侧在内眼角的垂直线上。

知识点测试

判断题

1. 标准鼻型的长度为面部长度的2/3。　　　　　　　　　　　正确的答案是：错

试题分析：标准的鼻型长度有称为脸形的中庭，长度为面部长度的1/3。

2. 鼻的宽度为面部宽度的1/5。　　　　　　　　　正确的答案是：对

试题分析：标准鼻型的宽度为面部宽度的1/5正确。

3. 鼻根位于两眼睛之间。　　　　　　　　　　　正确的答案是：错

试题分析：鼻根位于两眉之间。

4. 鼻梁由鼻根向鼻尖逐渐隆起，鼻翼两侧在内眼角的垂直线上。

　　　　　　　　　　　　　　　　　　　　　正确的答案是：对

试题分析：鼻梁的特点掌握及鼻翼宽度的准确定位。

三、常见鼻型介绍

（1）鹰钩鼻：鼻梁上端窄而突起，鼻尖过长、下垂，呈尖端状向前方弯曲，呈钩形。面部缺柔和感，给人以阴险狡诈的感觉，不易让人接近。

（2）蒜头鼻：鼻尖和鼻翼圆而肥大，往往鼻孔也显宽大。鼻头肥大使女性看起来粗犷、缺乏灵气，气质平庸。

（3）小尖鼻：鼻型瘦长，鼻尖单薄，鼻翼依附鼻尖，展开度不大。这种人鼻型不饱满，看上去小气、不大方。

（4）狮子鼻：形如狮鼻，鼻子宽度过大，鼻梁宽阔，鼻梁扁平，鼻翼及鼻球大而开阔。这种鼻型在我国南方多见，显粗犷。

（5）塌鼻梁：鼻梁低，鼻根部低平，鼻尖圆钝。这种人眼鼻间少层次，脸显扁平，给人以缺乏活力、疲倦的感觉。

（6）鼻子过长：鼻子长于面部的1/3。看上去比例失调，脸显长。人也显得过于成熟，有呆板感。

（7）鼻子过短：鼻子长度短于面部长度的1/3。这种鼻型往往伴有鼻梁塌陷、鼻尖上翘、鼻孔朝天的面相。看上去给人一种比例失调、脸短、人又显得过于幼稚之感。

（8）鼻梁歪斜：鼻梁没有位于面部中线及鼻正中部位，而是向两侧偏斜，严重影响了脸部美感。

知识点测试

填空题

1. 常见鼻型有鹰钩鼻、小尖鼻、塌鼻梁、＿＿＿＿＿、＿＿＿＿＿、＿＿＿＿＿、＿＿＿＿＿、＿＿＿＿＿。

正确答案：蒜头鼻、狮子鼻、鼻子过长、鼻子过短、鼻梁歪斜。

试题分析：掌握常见鼻型的识记及对各种鼻型名称的了解。化妆中运用色彩明度对比进行搭配，能使平淡的五官显得醒目，具有立体感。

2. 鹰钩鼻：鼻梁上端窄而突起，鼻尖＿＿＿＿＿，呈尖端状向前方弯曲，呈＿＿＿＿＿。

正确答案：过长、下垂、钩形。

试题分析：鹰钩鼻的形态特征分析。

3. 显得过于成熟，有呆板感的是_____的鼻型。

正确答案：鼻子过长。

试题分析：鼻子过长鼻型特征分析。

4. 看起来粗犷，缺乏灵气，平庸的是_____鼻型。

正确答案：蒜头鼻。

试题分析：蒜头鼻的特征分析。

四、鼻部的修饰步骤与方法

（一）鼻部修饰的方法

1. 将粉底涂抹脸部，均匀地抹开，再用粉色刷上定妆散粉。
2. 准备两种颜色的粉底，分别涂抹在鼻梁与鼻翼的两侧。
3. 高光粉也可以让鼻子变挺拔，用直扫高光粉的方式，令鼻子显得更加立体精致。
4. 在鼻梁两侧涂色修容粉或者是阴影粉，从视觉上让鼻子变挺。
5. 也可以用修容粉修饰鼻翼侧面，面部腮的位置同样刷上，显脸小鼻子挺。
6. 用大号高光刷，在鼻梁处进行来回扫动，增添饱满的感觉。

（二）鼻部修饰的步骤

1. 整体提亮。
2. 不同色号粉底修饰。
3. 高光显立体。
4. 侧影收鼻翼。

知识点测试

简答题

鼻部修饰的步骤有哪些？

参考答案：①整体提亮；②不同色号粉底修饰；③高光显立体；④侧影收鼻翼。

五、鼻部修饰的注意事项

（1）鼻侧影的晕染要符合面部的结构特点，注意色彩变化，在鼻根处深一些，并与眼影衔接，越向鼻尖越浅，直至消失。

（2）鼻侧影与面部粉底的相连处色彩要互相融合，不要显出两条明显的痕迹，并且要左右对称。

（3）鼻梁上的高光色要符合生理结构，宽度适中。最亮部位应在鼻尖，因为此处是鼻部的最高点。

（4）鼻梁高的人也不必涂鼻侧影，以免显得多余，而有画蛇添足之嫌。

（5）鼻梁窄的人不宜涂鼻侧影，若加重鼻两侧的阴影，会使鼻梁显得更窄。

（6）眼窝深陷的人以不涂鼻侧影为宜。

（7）两眼间距近的人不适合涂鼻侧影，因为鼻梁的明暗对比强烈会使两眼间距离显得更近。

知识点测试

简答题

鼻部修饰中有哪些需要注意的事项？

参考答案：①鼻侧影的晕染要符合面部的结构特点，注意色彩变化，在鼻根处深一些，并与眼影衔接，越向鼻尖越浅，直至消失。②鼻侧影与面部粉底的相连处色彩要互相融合，不要显出两条明显的痕迹，并且要左右对称。③鼻梁上的高光色要符合生理结构，宽度适中。最亮部位应在鼻尖，因为此处是鼻部的最高点。④鼻梁高的人也不必涂鼻侧影，以免显得多余，而有画蛇添足之嫌。⑤鼻梁窄的人不宜涂鼻侧影，若加重鼻两侧的阴影，会使鼻梁显得更窄。⑥眼窝深陷的人以不涂鼻侧影为宜。⑦两眼间距近的人不适合涂鼻侧影，因为鼻梁的明暗对比强烈会使两眼间距离显得更近。

试题分析：为避免鼻部修饰中的化妆失误，需掌握鼻部修饰中 7 点注意要点与事项说明。

第七节　唇 的 修 饰

内容提要

通过本节内容的学习，要求学生知道唇的标准结构，了解标准唇的认知和常见唇型，掌握唇部的修饰步骤与方法及操作中的注意事项，从而培养学生观察、分析、模仿的能力。

一、唇的标准结构

（一）唇部结构名称

1. 唇中：在鼻子下面、上嘴唇的正中部为唇中。

2. 唇峰：在其两侧的唇弓最高点称为唇峰。

3. 唇弓：上唇的唇红线呈弓形称为唇弓。

4. 上唇：唇的上片。

5. 下唇：唇的下片。

6. 唇角：上唇与下唇的边缘衔接处。

7. 唇外缘：唇部的整体外部边缘处。

（二）唇部结构分析

唇中、唇峰、唇弓、上唇、下唇、唇角、唇外缘。

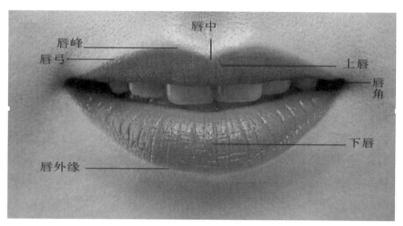

（三）课堂练习

请写出唇部指定部位的名称，并说出具体解释。

知识点测试

填空题

1. 在其两侧的唇弓最高点称为_____。

正确答案：唇峰。

试题分析：在其两侧的唇弓最高点称为唇峰。

2. 上唇的唇红线呈_____称为唇弓。

正确答案：弓型。

试题分析：上唇的唇红线呈弓型称为唇弓。

3. 唇角是指_____与_____的边缘衔接处。

正确答案：上唇、下唇。

试题分析：唇角是指上唇与下唇的边缘衔接处。

4. 唇中是指在鼻部下方、_____的正中部。

正确答案：上嘴唇。

试题分析：唇中是指在鼻子下面上嘴唇的正中部。

二、标准唇的定位

（一）标准唇型的厚度

定位：下唇略厚于上唇，下唇中心厚度是上唇中心厚度的 2 倍。

（二）标准唇的宽度

定位：两眼平视前方，以黑眼球的内侧向下作垂直线，正好相交在两唇角，这两条垂直线之间的宽度就是唇的标准宽度。

（三）标准唇峰的位置

定位：鼻孔外缘的垂直延长线上。

知识点测试

判断题

1. 标准唇的宽度以两内眼角向下作垂直线与唇相交的距离。　　正确的答案是：错

试题分析：两眼平视前方，以黑眼球的内侧向下作垂直线，正好相交在两唇角，这两条垂直线之间的宽度就是唇的标准宽度。

2. 下唇厚度是上唇厚度的 1.5 倍。　　　　　　　　　　正确的答案是：错

试题分析：下唇中心厚度是上唇中心厚度的 2 倍。

3. 唇峰的位置是鼻孔外缘的垂直延长线上。　　　　　正确的答案是：对

试题分析：唇峰的位置是鼻孔外缘的垂直延长线上。

4. 测量唇是否标准是从唇的宽带、厚度、唇峰三个方面去测量。

　　　　　　　　　　　　　　　　　　　　正确的答案是：对

试题分析：唇的测量方面的要素分析。

三、常见唇型介绍

（一）可爱唇型

特点：可爱唇型显得年轻、充满活力。

（二）樱桃唇型

特点：唇型薄、小，显得清秀。

（三）上翘唇型

特点：嘴角上翘，给人予微笑的感觉、讨人喜欢。

（四）尖锐唇型

特点：唇峰尖锐，显得严厉、有个性。

（五）秀美唇型

特点：嘴角微上翘，显得清秀。

（六）丰满唇型

特点：上唇、下唇均显得丰厚，时而表现性感特征。

（七）下垂唇型

特点：嘴角下垂，显得苍老、忧伤。

知识点测试

判断题

1. 直观给人微笑感的唇型是丰满唇型　　　　　　　　正确的答案是：错

试题分析：直观给人微笑感的唇型是上翘唇型。

2. 下垂唇型的嘴角下榻，显得苍老、忧伤。　　　　　正确的答案是：对

试题分析：下垂唇型的形态特点。

3. 尖锐唇型指的是唇峰尖。　　　　　　　　　　　　正确的答案是：对

试题分析：尖锐唇型的形态特点。

4. 可爱唇型显得年轻、充满活力。　　　　　　　　　正确的答案是：对

试题分析：可爱唇型的形态特点。

四、唇部修饰步骤与方法

（一）唇部立体描画方法

1. 唇部打粉底，定妆。
2. 选用比唇膏色深一号的同一色系的唇线笔勾勒唇线。
3. 用唇刷涂满唇膏，上下唇两嘴角可适量加深色彩。
4. 用亮色唇膏点在唇中央高光的部位。
5. 外边缘若超出可用适量粉底修饰。

（二）唇部立体描画的步骤

1. 唇部打底。
2. 画唇线。
3. 涂唇彩。
4. 涂亮油。
5. 修饰唇外缘。
6. 完成。

知识点测试

填空题

1. 用唇刷涂满唇膏，上下唇两嘴角可适量_____。

正确答案：加深色彩。

试题分析：用唇刷涂满唇膏，上下唇两嘴角可适量加深色彩。

2. 选用唇线笔时，应选比_____深一号的同一色系的唇线笔勾勒唇线。

正确答案：唇膏色。

试题分析：选用唇线笔时，应选比唇膏色深一号的同一色系的唇线笔勾勒唇线。

3. 超出外边缘的唇色可用_____适量修饰。

正确答案：粉底。

试题分析：超出外边缘的唇色可用粉底适量修饰。

4. 唇膏亮油涂在_____的部位。

正确答案：唇中央高光。

试题分析：唇膏亮油涂在唇中央高光的部位。

五、唇部修饰的注意事项

1. 唇线的颜色要与口红色调一致，并略深于口红色。

2. 唇线的线条要流畅，唇膏色不可外溢，左右需对称。

3. 口红的色彩变化规律为：上唇深于下唇，唇角要深于唇中央，唇中央需提亮。

4. 口红色要饱满，充分体现唇的立体感。

5. 唇大唇厚的人不能用浅色及珠光的口红。

6. 唇小唇薄的人不能用深色。

7. 唇黑者不能用浅色口红。

8. 画唇时，注意使嘴角上翘体现一种微笑感。

知识点测试

填空题

1. 唇线的线条要_____，左右需_____。

正确答案：流畅、对称。

试题分析：用唇刷涂满唇膏，上下唇两嘴角可适量加深色彩。

2. 唇线的颜色略深于_____。

正确答案：口红色。

试题分析：唇线的颜色略深于口红色。

3. 唇小、唇薄的人不能用_____。

正确答案：深色。

试题分析：唇小、唇薄的人不能用深色。

4. 唇大、唇厚的人不能用_____及_____的口红。

正确答案：浅色、珠光。

试题分析：唇大、唇厚的人不能用浅色及珠光的口红。

第八节 化妆的基本程序

一、化妆前的准备

1. 化妆前的准备工作，是化妆必不可少的程序，只有这样才能使化妆工作有序进行。

2. 化妆前的准备做得完备，是顺利完成整个化妆工作的重点。

3. 是否能有条不紊地完成化妆的每个程序，是判定一名化妆师是否专业及优秀的基本标准。

知识点测试

简答题

化妆前准备的作用？

参考答案：①化妆前的准备工作，是化妆必不可少的程序，只有这样才能使化妆工作有序进行。②化妆前的准备做得完备，是顺利完成整个化妆工作的重点。③是否能有条不紊地完成化妆的每个程序，是判定一名化妆师是否专业及优秀的基本标准。

试题分析：在美容化妆中，化妆前的准备是至关重要的，理解化妆前准备工作的作用有利于化妆工作程序的顺利进行，也是判定一个化妆师是否专业的最基本标志。

二、化妆前准备的内容

（一）化妆台的准备

化妆台的台面应能摆放下化妆时所需的全部物品。化妆台上要有一面大小适中且清晰度高的镜子，台前放置一把化妆椅。

（二）灯光的准备

化妆台要配有照明设备，化妆时所采用灯光的好坏会直接影响化妆效果。选用灯光要注意以下几点：

1. 化妆时的灯光要与化妆对象在化妆后所处环境的光线接近，这样才能保证化妆效果不发生变化。

2. 灯光的照射角度很重要，化妆时的光线应从正前方照射，过高或过低的光线会使人的面部出现阴影，从而影响化妆效果。

（三）化妆用品及用具的准备

将化妆时所需的化妆用品和用具按其使用顺序放在远近不同、取放方便的位置，并摆放整齐。将眼影盒、粉盒、化妆套刷等化妆品及用具打开，平放于化妆台上，将笔类化妆品削好放入笔筒；将口红刷用乙醇消毒；将海绵用水浸湿呈半潮状。

（四）其他准备工作

1. 请化妆对象入坐。
2. 用发带或发卡将头发别好。
3. 在化妆对象的胸前围一条化妆毛巾。
4. 美容师用乙醇消毒双手。

（五）化妆时的站姿

1. 美容师应站在化妆对象的右侧，并始终保持这个位置。美容师在进行化妆时左手背后，不能将手放在化妆对象的头部、肩部，以免化妆对象有不适的感觉。
2. 美容师要与化妆对象保持一定的距离，不能将身体靠在顾客的身上。
3. 在化妆过程中，要随时通过镜子检查化妆效果，而不能面对面进行检查，以免影响整体效果。

知识点测试

填空题

1. 化妆台的台面应能摆放下化妆时所需的_____，化妆台上要有一面大小适中且清晰度高的_____，台前放置一把_____。

正确答案：全部物品、镜子、化妆椅。

试题分析：在美容化妆中化妆前的准备是至关重要的，准备工作做得好有利于化妆工作程序的顺利进行，也是判定一个化妆师是否专业的最基本标志。掌握化妆前的准备内容有助于培养学生的条理性与专业性。

2. 化妆时的_____要与化妆对象在化妆后所处环境的光线_____，这样才能保证_____不发生变化。

正确答案：光线、接近、化妆效果。

3. 灯光的照射角度很重要，化妆时的光线应从_____照射，过高或过低的光线会使人的面部出现_____，从而影响_____。

正确答案：正面、阴影、化妆效果。

4. 美容师应站在化妆对象的_____，并始终保持这个位置。美容师在进行化妆时左手_____，不能将手放在化妆对象的_____，_____部，以免化妆对象有不适的感觉。

正确答案：右侧、背后、头部、肩。

三、化妆基本程序

（一）观察与交流

观察是美容师必备的能力之一。

1. 美容师要观察化妆对象的容貌，根据"三庭五眼"的比例关系，运用化妆技术对其优点进行发扬，对缺点进行矫正。

2. 通过交谈了解化妆对象的性格特点、服装颜色喜好及所出入的场合等，为化妆打下良好的基础。

（二）护肤

1. 清洁皮肤的目的是要把面部的油污及吸附在面部上的尘埃、细菌洗净。如果在不洁净的面部上化妆，会使皮肤受到损害，所以化妆必须在干净的面部上进行。

2. 滋润皮肤清洁皮肤后，皮肤会散失部分水分。用化妆水及时调理皮肤，不仅可以使皮肤滋润，还可以收缩毛孔，平衡皮肤的酸碱度。

3. 涂润肤霜也称日霜，它可以软化皮肤，起保护皮肤的作用，并能隔离有色化妆品直接进入毛孔，能使粉底均匀，效果自然。

（三）修眉毛

在清洁皮肤后修眉毛，可以防止细菌侵入皮肤，为眉形的描画做好准备。

（四）涂粉底

涂粉底的目的是掩盖粗大的毛孔和瑕疵，调整皮肤的颜色，使皮肤颜色均匀、细腻。

（五）定妆

通过定妆，起到柔和妆面和固定底色的作用，是保证妆面干净持久的关键步骤。操作时用蘸有蜜粉的粉扑在皮肤上拍按，使蜜粉充分融合，最后用掸粉刷将多余的浮粉扫掉。

（六）画眉毛

眉毛是眼睛最好的陪衬，它表达了一个人的性格与情绪，眉毛的描画对矫正脸形有所的帮助。

（七）画眼影

画眼影的目的是为了表现眼部结构，同时也能表现整体化妆风格及韵味。

（八）画睫毛线

描画睫毛线可增加眼部的神采，同时也能调整眼形，对矫正眼形有所帮助。

（九）涂睫毛膏

涂睫毛膏是修饰眼部的一种手段。先用睫毛夹将睫毛夹成翘状，再用睫毛膏由睫毛根部涂向睫毛梢。涂睫毛膏时要注意睫毛不能黏成一撮，可用眉梳梳理。

（十）涂颊红

颊红能够体现皮肤健康的外观，并矫正脸形。颊红的颜色应与眼影色、口红色、肤色相协调。

（十一）涂口红

口红可使唇部轮廓清晰，并能呈现出鲜嫩的色泽。口红色彩应与服装色、肤色、眼影色、颊红色相协调，同时要考虑不同年龄、不同个性、不同场合所适用的颜色。

知识点测试

简答题

1. 化妆基本步骤有哪些？

参考答案：①观察与交流；②护肤；③修眉毛；④涂粉底；⑤定妆；⑥画眉毛；⑦画眼影；⑧画睫毛线；⑨涂睫毛膏；⑩涂颊红；⑪涂口红

试题分析：在美容化妆中，掌握化妆的基本步骤是学生应掌握的化妆理论基本知识。有助于学生在技能的练习过程中方法得当，有助于技能掌握的准确性。

2. 化妆中的护肤包括那几项？其主要作用？

参考答案：①清洁皮肤的目的是要把面部的油污及吸附在面部上的尘埃、细菌洗净。如果在不洁净的面部上化妆，会使皮肤受到损害，所以化妆必须在干净的面部上进行。②滋润皮肤清洁皮肤后，皮肤会散失部分水分。用化妆水及时调理皮肤，不仅可以使皮肤滋润，还可以收缩毛孔，平衡皮肤的酸碱度。③涂润肤霜也称日霜，它可以软化皮肤，起保护皮肤的作用，并能隔离有色化妆品直接进入毛孔，能使粉底均匀，效果自然。

试题分析：在美容化妆中，掌握化妆的基本步骤是学生应掌握的化妆理论基本知识，有助于学生在技能的练习过程中方法得当。

四、化妆检查

（一）化妆检查的目的

化妆完成后，要全面、仔细地查看妆面的整体效果。检查时要近距离及远距离观察，从整体到局部认真查看。如果发现问题，要做到及时修补，以确保整个妆面的完美。

首先，美容师要观察化妆对象的容貌，根据"三庭五眼"的比例关系，运用化妆技术对其优点进行发扬，对缺点进行矫正。

其次，通过交谈了解化妆对象的性格特点、服装颜色喜好及所出入的场合等，为化妆打下良好的基础。

（二）化妆检查的方法

1. 妆面有无缺漏和碰坏的地方，妆面是否整齐干净。

2. 粉底打得是否自然，在适当的光线下是否显得太白或没有起到适当的掩饰，面部与脖子耳朵之间有没有明显的颜色差。

3. 眼妆，两眼左右效果是否一致，眼影色的搭配是否协调，过渡是否自然柔和。

4. 眉毛、睫毛线、唇线及鼻影的描画是否左右对称，色调是否统一。

5. 唇膏的涂抹是否规整，有无外溢或残缺。

6. 颊红的外形和深浅是否一致。

如果化妆对象带妆时间较长，可在全面检查之后再用蜜粉重新固定，以保证妆面的持久。

知识点测试

简答题

1. 化妆检查的方法？

参考答案：①妆面有无缺漏和碰坏的地方，妆面是否整齐干净。②粉底打得是否自然，在适当的光线下是否显得太白或没有起到适当的掩饰，面部与脖子耳朵之间有没有明显的颜色差。③眼妆，两眼左右效果是否一致，眼影色的搭配是否协调，过渡是否自然柔和。④眉毛、睫毛线、唇线及鼻影的描画是否左右对称，色调是否统一。⑤唇膏的涂抹是否规整，有无外溢或残缺。⑥颊红的外形和深浅是否一致。如果化妆对象带妆时间较长，可在全面检查之后再用蜜粉重新固定，以保证妆面的持久。

试题分析：在美容化妆中，掌握化妆检查方法是至关重要的，化妆检查是学生应掌握的基本知识。有助于学生在技能的练习过程中掌握正确方法，有助于辨别化妆效果。

2. 化妆检查的目的？

参考答案：化妆完成后，要全面、仔细地查看妆面的整体效果。检查时要近距离及远距离观察，从整体到局部认真查看。如果发现问题，要做到及时修补，以确保整个妆面的完美。

试题分析：在美容化妆中，掌握化妆检查方法是至关重要的，化妆检查是学生应掌握的基本知识。有助于学生在技能的练习过程中掌握正确方法，有助于辨别化妆效果。

第 五 章
各类妆型的特点及化妆技法

学习目标

本章将从知道生活日妆、生活晚妆、新娘妆、晚宴妆的妆面特点与要求入手，以掌握操作各类妆型的化妆步骤与技法，明确各类妆型的化妆注意事项为主要学习目标，在学习训练的过程中培养学生会观察、会分析、会模仿与创新的能力以及培养学生细致、准确、完美的工作态度与习惯。

内容概述

化妆技术流传至今已有悠久的历史，其在逐步发展、逐步完善的过程中已经成为了一门艺术。一切艺术来源于生活而又高于生活，化妆艺术也是如此。生活化妆造型和观赏、比赛化妆造型，这些化妆造型都是化妆师必须掌握的造型。

本章总结

本章希望通过对生活日妆、生活晚妆、新娘妆、晚宴妆的妆面特点与要求以及各类妆型的化妆步骤与技法的学习，掌握各类妆型的化妆要点和应该注意的事项，掌握从事化妆业必备的基本知识和技能。通过课堂训练及课后的自习，把自己培养成为一名真正的化妆师，不断提升自己的认识，提高自己的修养，塑造良好的形象以及正确的职业技能与素养。

第一节　生活日妆

内容提要

通过本节知识点的讲解，要求学生知道生活日妆的特点，了解生活日妆的常用色，掌握生活日妆的化妆步骤与方法，从而培养学生细致、准确、完美的工作态度与习惯。

一、生活日妆的特点

（一）生活日妆定义

生活日妆也称为淡妆，用于日常生活和工作中。表现在自然光和柔和灯光下，妆色清淡典雅，自然协调，对面容的轻微修饰，尽量不露化妆痕迹。

（二）生活日妆的分类及特点

生活日妆分类：生活职业妆、生活休闲妆等。

（三）生活休闲妆特点

富有青春气息。适用于假日、休息时间或旅游时，表现人物轻松、自然、舒适的休闲状态，返璞归真的感觉。

生活职业妆特点：主要采用简单明快的自然色、大地色系，适用于上班族。

知识点测试

填空题

1. 生活日妆也称为_____，用于日常生活和_____中。

正确答案：淡妆、工作。

试题分析：生活日妆也称为淡妆，用于日常生活和工作中。

2. 生活日妆分类：_____和_____等。

正确答案：生活职业妆、生活休闲妆。

试题分析：生活日妆分类：生活职业妆和生活休闲妆等。

3. 生活职业妆主要采用大地色系，适用于_____。

正确答案：上班族。

试题分析：生活职业妆主要采用大地色系，适用于上班族。

4. 生活休闲妆适用于假日、_____。

正确答案：休息时间或旅游。

试题分析：生活休闲妆适用于假日、休息时间或旅游时，表现人物轻松、自然、舒适的休闲状态。

二、生活日妆的常用色

（一）生活日妆——常用眼妆色

生活日妆运用的眼影色柔和，搭配简洁，常用的色彩有：浅咖啡色、深咖啡色、蓝灰色、紫罗兰色、珊瑚红色、米白色、白色、粉白色、明黄色等。

（二）生活日妆——眼妆色彩搭配

色彩搭配：

1. 深咖啡色配明黄色色彩偏暖，妆色明暗效果明显；

2. 浅咖啡色配米白色，中性偏暖，妆色显得朴素；

3. 蓝灰色配白色，色彩偏冷，妆色显得脱俗；

4. 紫罗兰色配银白色，色彩偏冷，妆色显得脱俗而妩媚；

5. 珊瑚红色配粉白色，色彩偏暖，妆色显得喜庆活泼。

（三）生活日妆——常见颊红色

生活日妆常见颊红色应选用浅淡柔和的色调。

知识点测试

填空题

1. 浅咖啡色配米白色，中性偏暖，妆色显得_____。

正确答案：朴素。

试题分析：浅咖啡色配米白色，中性偏暖，妆色显得朴素。

2. 珊瑚红色配粉白色，色彩偏暖，妆色显得_____。

正确答案：喜庆活泼。

试题分析：珊瑚红色配粉白色，色彩偏暖，妆色显得喜庆活泼。

3. 生活日妆颊红常见色有：浅红色、桃粉色、_____或适当修颜的大地色。

正确答案：浅橘色。

试题分析：生活日妆颊红常见色有：浅红色、桃粉色、浅橘色或适当修颜的大地色。

4. 生活日妆唇色最好选择的_____口红色彩。

正确答案：接近天然唇色。

试题分析：生活日妆唇色最好选择的接近天然唇色口红色彩。

三、生活日妆的化妆步骤与方法

1. 清洁皮肤。

2. 修眉。

3. 妆前护肤。

4. 粉底。

5. 定妆。

6. 夹睫毛。

7. 画眼线。

8. 眼部化妆。

9. 画眉。

10. 抹腮红。

11. 涂唇彩。

知识点测试

判断题

1. 化妆的第一步是涂抹粉底。　　　　　　　　　　　　正确的答案是：错

试题分析：化妆的第一步是清洁皮肤。

2. 生活日妆推荐眉色使用：浅咖色、浅灰色。　　　　　正确的答案是：对

试题分析：在生活日妆中，一般推荐大家使用浅咖色、浅灰色眉色，较自然。

3. 夹睫毛是只夹睫毛的根部。　　　　　　　　　　　　正确的答案是：错

试题分析：夹睫毛3阶段（夹时注意勿夹到眼皮）：①夹根部；②夹中段轻轻向上弯；③夹尾端。

4. 睫毛膏的涂刷是以Z字形手法来刷睫毛，使睫毛根根分明，注意不要结块。

　　　　　　　　　　　　　　　　　　　　　　　　　正确的答案是：对

试题分析：注意睫毛膏的涂刷要以"Z字形手法"来刷睫毛。

第二节　生活晚妆

内容提要

通过本节的学习，要求学生知道生活晚妆的特点，了解生活晚妆的常用色彩及眼影晕染方法，掌握生活晚妆的化妆步骤与方法，培养学生细致、准确、完美的工作态度与习惯。

一、生活晚妆的特点

（一）生活晚妆的概念

生活晚妆是指人们在日常生活中，参加晚会、晚宴的化妆。晚会、晚宴的气氛热烈，环境华丽，人们服饰讲究。因此，妆色艳丽，妆面应略夸张。

（二）生活晚妆的特点

1. 妆色浓艳，色彩搭配协调。由于晚间社交活动一般都在灯光下进行，且灯光多柔和、朦胧，不易暴露出化妆痕迹，反而能更加突出化妆效果。如果妆色清淡，就显不出化妆效果。因此，晚妆应化得浓艳些，眼影色彩尽可能丰富漂亮，眉毛、眼形、唇型也可作些适当的矫正，使其更显得光彩迷人。

2. 五官轮廓描画清晰，面部凹凸结构明显。晚间化妆，处在一种特定的环境中，

能使人产生一种梦幻般的感觉。因此，化晚妆时可在允许的范围内，充分发挥想象力，把顾客描绘得更加漂亮，清晰明丽，引人注目。由于晚间灯光比白天弱，因此妆面要突出面部结构，否则就达不到化妆效果。

知识点测试

简答题

1. 生活晚妆的概念是什么？

参考答案：生活晚妆是指人们在日常生活中，参加晚会、晚宴的化妆。晚会、晚宴的气氛热烈，环境华丽，人们服饰讲究。因此，妆色要艳丽，化妆应略夸张。

试题分析：在美容化妆中，对生活晚妆概念的识记是至关重要的，有助于学生理解什么是生活晚妆。有助于学生在技能的练习过程中掌握正确方法，有助于掌握化妆效果。

2. 简述生活晚妆的特点。

参考答案：①妆色浓艳，色彩搭配协调。②五官轮廓描画清晰，面部凹凸结构明显。

试题分析：在美容化妆中，对生活晚妆特点的识记是至关重要的，有助于学生理解什么是生活晚妆。有助于学生在技能的练习过程中掌握正确方法，有助于掌握化妆效果。

二、生活晚妆的常用色彩

（一）晚妆粉底色

底粉的颜色一定要比自己的肤色深，用立体打底来强调面部的凹凸结构，并矫正脸形的不足。

（二）晚妆眼影色

晚妆眼影主要艳而不俗，丰富而不繁杂，色彩搭配丰富协调，多而不混。色彩的纯度略高，使妆面显得艳丽。色彩的明暗度可略强，强调眼部的凹凸结构。

（三）晚妆睫毛色

自身睫毛浓的可只涂睫毛膏，睫毛膏的颜色可以丰富多彩，反之，可粘贴假睫毛。使用的假睫毛无论在形状和颜色上都可以适当夸张。

（四）晚妆眉色

眉毛线条清晰，眉色浓艳。

（五）晚妆唇色

唇型轮廓清晰，色彩艳丽。

知识点测试

一、填空题

1. 晚妆粉底色，_____的颜色一定要比自己的肤色_____，用_____，来强调面部的凹凸结构，并矫正_____的不足。

正确答案：粉底、深、立体打底、脸形。

试题分析：在美容化妆中，掌握生活晚妆常用色彩是至关重要的，是学生应掌握的基本知识，这有助于学生理解生活晚妆化妆基本要求，在技能的练习过程中掌握正确方法，这有助于学生理解正确的化妆效果。

2. 晚妆睫毛色，自身睫毛浓的可只涂_____，睫毛膏的颜色可以_____，反之，可_____。使用的_____无论在_____和_____上都可以适当夸张。

正确答案：睫毛膏、丰富多彩、粘贴假睫毛、假睫毛、造型、色彩。

3. 晚妆眉色的要求是，眉毛_____，眉色_____。

正确答案：线条清晰、浓艳。

4. 晚妆唇色，应该是：_____清晰，色彩_____。

正确答案：轮廓清晰、艳丽。

二、简答题

简述生活晚妆眼影色的要求。

_____

参考答案：艳而不俗，丰富而不繁杂，色彩搭配丰富协调，多而不混。色彩的纯度略高，使妆面显得艳丽。色彩的明暗度可略强，强调眼部的凹凸结构。

三、生活晚妆眼影晕染方法

常用1/2排列晕染法，也称为左右晕染法。这种画法适合东方人的眼睛，充分发挥眼睛的动感，使眼睛生动有神而具立体感。

这种眼影排列方式色彩对比夸张，有较强的修饰性，适用于晚妆、时装表演等。

知识点测试

一、填空题

1. 生活晚妆眼影晕染方法常用_____晕染法，也称为_____晕染法。这种画法适合_____人的眼睛。可充分发挥眼睛的动感，使生动有神而具_____。

正确答案：1/2排列、左右、东方、立体感。

2. 二分之一眼影排列方式_____对比夸张，有较强的修饰性，适用于_____、_____等。

正确答案：色彩、晚妆、时装表演。

二、简答题

生活晚妆眼影色的要求有哪些？

参考答案：艳而不俗，丰富而不繁杂，色彩搭配丰富协调，多而不混。色彩的纯度略高，使妆面显得艳丽。色彩的明暗度可略强，强调眼部的凹凸结构。

四、生活晚妆化妆步骤与方法

1. 修颜液

调整肤色。

2. 粉底

粉底需薄而均匀，使皮肤细腻而有光泽。粉底选用较肤色略深、略偏红润的颜色。使皮肤在强光的照射下显得健康。用立体打底法，强调面部的凹凸结构，矫正脸形的不足。

3. 定妆

用橙色散粉体现皮肤的质感，珠光散粉增加时尚感。两者均适于晚妆使用，定妆要薄而均匀。

4. 修容

再一次强调面部立体感。

5. 眼影

色彩搭配丰富协调，多而不杂。色彩的纯度略高，使妆面显得艳丽。色彩的明暗度可略强，强调眼部的凹凸结构。

6. 睫毛线

依调整眼形的需要进行描画，线条可适当的加粗，颜色可深一些。

7. 睫毛

睫毛浓的可只涂睫毛膏，睫毛膏的颜色可以丰富多彩，睫毛淡的可粘贴假睫毛。使用的假睫毛可以适当夸张。

8. 眉

要求线条清晰，眉色较浓。

9. 唇

轮廓清晰，色彩艳丽。

10. 腮红

腮红的打法可根据脸形来修饰，脸形好的也可以依据流行来修饰，颜色与妆色协调。

知识点测试

简答题

生活晚妆的化妆步骤有哪些？

参考答案：①修颜液：调整肤色。②粉底：粉底需薄而均匀，使皮肤细腻而有光泽。粉底选用较肤色略深、略偏红润的颜色。使皮肤在强光的照射下显得健康。用立体打底法，强调面部的凹凸结构，矫正脸形的不足。③定妆：用橙色散粉体现皮肤的质感，珠光散粉增加时尚感。两者均适于晚妆使用，定妆要薄而均匀。④修容：再一次强调面部立体感。⑤眼影：色彩搭配丰富协调，多而不杂。色彩的纯度略高，使妆面显得艳丽。色彩的明暗度可略强，强调眼部的凹凸结构。⑥睫毛线：依调整眼形的需要进行描画，线条可适当的加粗，颜色可深一些。⑦睫毛：睫毛浓的可只涂睫毛膏，睫毛膏的颜色可以丰富多彩，睫毛淡的可粘贴假睫毛。使用的假睫毛可以适当夸张。⑧眉：要求线条清晰，眉色较浓。⑨唇：轮廓清晰，色彩艳丽。⑩腮红：腮红的打法可根据脸形来修饰，脸形好的也可以依据流行来修饰，颜色与妆色协调。

试题分析：在美容化妆中，掌握生活晚妆常用色彩是至关重要的，是学生应掌握的基本知识，有助于学生理解生活晚妆化妆基本要求，在技能的练习过程中掌握正确方法，有助于学生理解正确的化妆效果。

第三节　新　娘　妆

内容提要

通过本节内容的学习，要求学生知道新娘妆的妆型特点，新娘的妆面要求，掌握新娘妆的化妆步骤与方法，培养学生细致、准确、完美的工作态度与习惯。

一、新娘妆的特点

（一）妆型特点

新娘妆要充分展示女性婀娜的阴柔美，妆面要明快妩媚、清新脱俗、自然柔美。用色以暖色、偏暖色为主。新娘妆要漂亮迷人，但不能过于粉饰，应给人以天然美、健康美、端庄美的感觉，并要体现出喜庆、吉祥、美好的气氛。

（二）妆面要求

1. 适用于婚礼，不能脱离喜庆、吉祥的主基调。

2. 妆面要洁净、自然、柔和且牢固持久。

3. 妆面以暖色为主、搭配柔和的冷色。

4. 新娘妆的浓度介于浓淡妆之间。

5. 新娘妆的化妆、发型、服饰搭配和谐完美，与新郎的装扮协调。

知识点测试

一、填空题

1. 新娘妆型特点：自然柔和，牢固持久，_____，_____、中性色，妆型端庄大方、_____；妆型，发型，服饰搭配的和谐完美，与新郎妆搭配协调。

正确答案：妆色以暖色为主、配以冷色、高贵典雅。

试题分析：强调知识的全面性，学生在答题时要将新娘妆的妆型特点理解，在填空时才能填完整。

2. 新娘妆的妆面要求：化妆色彩与_____协调；妆面浓淡，深浅与_____协调；妆色_____、_____，有整体感。

正确答案：服饰色彩、季节、干净、牢固。

试题分析：填空时要注意每个空的先后顺序，不要打乱顺序。

二、选择题

1. 新娘妆妆型特点（　　）。正确的答案是：D

A. 颜色选择自然　　　　　　　　B. 适合内眼角加重法

C. 自然柔和，真实　　　　　　　D. 妆型、发型、服饰搭配的和谐完美

试题分析：答案 D 对新娘妆特点整体描述比较接近，其他说法不准确。

2. 新娘妆的妆面要求（　　）。正确的答案是：D

A. 主要注意描画眼影和脸形　　　B. 妆面明亮，尽量不用冷色

C. 眉色要自然柔和　　　　　　　D. 化妆色彩与服饰色彩协调

试题分析：答案 D 符合问题要求，其他选项过于片面。

二、新娘妆的常用色彩

（一）常用色彩

咖啡色、天蓝色、紫褐色、浅紫色、玫瑰粉、珊瑚红、橙红、夕阳红、粉白、米白、米黄、蓝白等。

（二）颜色搭配方法

1. 妆色显得喜庆大方的颜色搭配

眼影色：咖啡色＋橙红色＋米白色

腮红色：香槟色

唇色：肉粉色

2. 妆色显得喜庆妩媚的颜色搭配

眼影色：浅紫色＋珊瑚红＋粉白色

腮红色：中玫紫

唇色：玫紫

3. 妆色显得喜庆娇柔的颜色搭配

眼影色：天蓝色＋夕阳红＋蓝白色

腮红色：浅桃红

唇色：橙红

4. 妆色显得喜庆高雅的颜色搭配

眼影色：蓝紫色＋玫瑰红＋米白色

腮红色：浅桃红

唇色：桃红色

知识点测试

判断题

1. 新娘妆中的浅紫色、珊瑚红是常用色。　　　　　　　　　正确的答案是：对

试题分析：新娘妆的浅紫色、珊瑚红色是经常会使用的颜色，所以判断是对的。

2. 浅紫色、珊瑚红、粉白色的颜色搭配显得高雅妩媚。　　　正确的答案是：错

试题分析：显得喜庆妩媚而不是高雅妩媚所以是错的。

3. 新娘妆中的眼影色尽量避免用冷色。　　　　　　　　　　正确的答案是：错

试题分析：新娘妆的眼影色可以有很多颜色选择，说得太片面。

4. 妆色显得娇柔喜庆的颜色搭配是浅粉色、豆沙色。　　　　正确的答案是：错

试题分析：喜庆娇柔的颜色搭配是天蓝色、夕阳红和蓝色。

三、新娘妆眼影晕染方法

(一) 三色晕染法

三色晕染法特点：将上眼睑横向分为三个区域进行晕染（又称为左中右排列法），色彩过渡柔和自然，此种搭配法能充分体现眼部立体感和眼部神采，适用于眼形较长者。

三色晕染法化妆步骤与方法：

将上眼睑分为左、中、右三等份，即（1）（2）（3）三个区。

1. 用高光色在（2）区由眼球高点落笔，进行晕染。

2. 用眼影色由（1）区内眼角端落笔，逐渐向（2）区进行晕染。

3. 用眼影色由（3）外眼角落笔，逐渐向（2）区进行晕染。

4. 在眶上缘部位提亮。

(二) 1/3 排列晕染法

1/3 排列晕染法特点：由上眼睑横向分为两个区域进行晕染，此种眼影搭配方法可以采用对比色或邻近色，也可根据个人的需要进行变化，适用于各种眼形。

1/3 排列晕染法化妆步骤与方法：

将上眼睑分为三等分，前 2/3 为（1）区，后 1/3 为（2）。

1. 选用较浅的眼影色，由内眼角入笔晕染（1）区。

2. 选用较深的眼影色，由（2）区内眼角入笔向（1）、区进行晕染。

（三）上浅下深晕染法化妆步骤与方法

上浅下深晕染法特点：是用眼影色沿睫毛根向上平行进行由深至浅的晕染方法，此方法色彩过渡柔和自然，给人以典雅，清秀的感觉，尤其适用于单眼睑及眼睑浮肿者。

上浅下深晕染法化妆步骤与方法：

1. 从外眼角落笔，眼睫毛根部向内眼角处晕染，再向上平行进行由深到浅的晕染至恰当的位置。

2. 在眶上缘部位提亮。

（四）注意事项

1. 晕染时刷子要始终平贴在眼睑上，并随着眼部的形体变化而变化。

2. 各区的衔接部位过渡要自然。

四、新娘妆化妆步骤与方法

（一）化妆步骤

1. 洁肤，润肤。

2. 修眉。

3. 涂粉底。

4. 定妆。

5. 眼部化妆。

6. 画眉。

7. 画唇。

8. 腮红。

9. 发型与服饰。

（二）化妆方法

1. 肤色的修饰

粉底：肤色要强调健康、自然、细腻、洁净，涂粉底前用肤色修颜液调和肤色，用遮瑕膏遮盖瑕疵，宜选用质感细腻的膏状粉底，要涂抹得薄而均匀。

2. 眼眉的修饰

眼影：眼部化妆要自然柔和，妆色冷暖取决于妆型、肤色、气质及眼形条件。

眼线：注重睫毛的修饰，选用黑色眼线笔勾画睫毛线。

睫毛：可以粘贴修剪的长短适中的假睫毛。

3. 眉形

主要取决于新娘的眼形和脸形，眉色以灰黑色或棕黑色为主，眉色要自然柔和。

4. 颊红

面颊红要浅淡柔和，要制造出白里透红的肤色效果。

5. 唇红

选择柔和的浅红色系，唇形轮廓清晰可适当修改唇形，唇色要牢固持久。

6. 发型与服饰

以盘发为主，并用花饰点缀，根据季节、喜好与新娘脸形、体型和气质相应的婚纱。

知识点测试

一、填空题

1. 新娘眼部化妆要＿＿＿＿＿、＿＿＿＿＿。

正确答案：自然、柔和。

试题分析：自然柔和是新娘化妆的一个基础。

2. 注重睫毛的修饰，选用＿＿＿＿＿勾画睫毛线。

正确答案：黑色眼线笔。

试题分析：考察学生学会描画眼线的情况。

3. 新娘妆的眉形主要取决于新娘的＿＿＿＿＿和＿＿＿＿＿。

正确答案：眼形、脸形。

试题分析：新娘妆眉毛的基本要求。

4. 新娘妆的腮红晕染面颊红要＿＿＿＿＿，要制造出＿＿＿＿＿的肤色效果。

正确答案：浅淡柔和、白里透红。

试题分析：新娘妆腮红的涂抹要求。

二、判断题

1. 新娘妆的眼部化妆程序在实践中可以适当调整。　　　　正确的答案是：对

试题分析：新娘妆的眼部化妆程序在需要的时候可以适当调整。

2. 粉底中的高光起强调面部轮廓的作用。　　　　正确的答案是：错

试题分析：高光的作用是提亮，强调面部轮廓的是暗影。

3. 新娘妆不建议使用眉粉，不好晕染。　　　　正确的答案是：错

试题分析：新娘妆的眉毛化妆建议使用眉粉，可使眉形自然柔和。

4. 妆面检查也是化妆的程序之一。　　　　正确的答案是：对

试题分析：妆面检查是化妆程序中的最后两步。

第四节　晚　宴　妆

内容提要

通过本节学习，要求学生知道晚宴妆的妆型特点，晚宴的妆面要求，掌握晚宴妆

的化妆步骤与方法，培养学生细致、准确、完美的工作态度与习惯。

一、晚宴妆的特点

（一）妆型特点

晚宴妆适用于夜晚或社交场合，有较强的灯光相配合，凸显华丽鲜明，妆色浓重，色彩搭配丰富，明暗对比强烈，五官描画可适当夸张，面部凹凸结构进行适当调整。妆面设计可扬长避短，掩盖和矫正面部的不足。

（二）妆面要求

1. 适用于生活，不可过于繁杂。
2. 色彩搭配丰富，要强调出面部五官轮廓的凹凸结构。
3. 妆色与服饰、发型及晚宴妆的主题要协调一致，并要结合晚宴妆的主题进行造型。

知识点测试

一、判断题

1. 晚宴妆适用于生活，不可过于繁杂。　　　　　正确的答案是：对
试题分析：答案是对的，晚宴妆适用于生活，不需要太繁杂。

2. 晚宴妆适用于夜晚或者灯光较强烈的环境中。　　　　正确的答案是：对
试题分析：答案是对的，晚宴妆适用于夜晚或者灯光的环境。

3. 晚宴妆妆面设计可扬长避短，掩盖面部不足。　　　正确的答案是：错
试题分析：答案是错的，晚宴妆妆面设计可以扬长避短，掩盖面部不足，但还需要适当矫正，这句话没有提到矫正一词。

4. 晚宴妆色彩搭配丰富，化妆时可选用多种色彩进行搭配。　正确的答案是：对
试题分析：答案是对的，晚宴妆的色彩搭配丰富，尤其是眼部化妆，可以使用几种颜色进行搭配。

二、填空题

1. 妆色与_____、_____及晚宴妆的主题要协调一致，并要结合晚宴妆的主题进行造型。
正确答案：服饰、发型。
试题分析：强调知识的全面性，学生在答题时要将晚宴妆的妆型特点理解，在填空时才能填完整。

2. 晚宴妆适用于生活，不可过于_____。
正确答案：繁杂。
试题分析：强调晚宴妆是适用于生活的，不要太繁杂而脱离了要求。

3. 五官描画可适当_____，面部凹凸结构进行适当_____。
正确答案：夸张、调整。

试题分析：强调晚宴妆是适用于生活的，不要太繁杂而脱离了要求。

二、晚宴妆的常用色彩

（一）常用色彩

深咖啡色、灰色、蓝灰色、蓝色、紫色、橙黄色、橙红色、夕阳红色、玫瑰红色、珊瑚红色、明黄色、鹅黄色、银白色、粉白色等。

（二）颜色搭配方法

1. 妆色显得朴素、热情、富有活力

眼影色：深咖啡色＋橙红色＋明黄色

腮红色：橙红色

唇色：橙红色

2. 妆色显得典雅脱俗的颜色搭配

眼影色：蓝灰色＋紫色＋银色

腮红色：中玫紫

唇色：玫紫

3. 妆色与服饰、发型及晚宴妆的主题要协调一致，并要结合晚宴妆的主题进行造型

眼影色：蓝色＋珊瑚红色＋银白色

腮红色：玫粉色

唇色：橘色

4. 妆色显得喜庆而华丽的颜色搭配

眼影色：深咖色＋橙红色＋米白色

腮红色：橙红色

唇色：橙色

知识点测试

判断题

1. 晚宴妆中的浅紫色、珊瑚红是常用色。　　　　　　　　　正确的答案是：错

试题分析：晚宴妆的珊瑚红色是经常会使用的颜色，所以判断是不准确。

2. 蓝灰色、紫色、银白色的颜色搭配显得典雅脱俗　　　　　正确的答案是：对

试题分析：这道题的回答是准确的。

3. 晚宴妆中的眼影色尽量避免用暖色。　　　　　　　　　　正确的答案是：错

试题分析：晚宴妆的眼影色可以有很多颜色选择，说得太片面。

4. 妆色显得喜庆华丽的颜色搭配是浅粉色、深粉色。　　　　正确的答案是：错

试题分析：喜庆华丽的颜色搭配是深咖色、橙红色，所以是错的。

三、晚宴妆眼影晕染方法

（一）常用晕染方法

1. 三色晕染法

三色晕染法特点：将上眼睑横向分为三个区域进行晕染（又称为左中右排列法），色彩过渡柔和自然，此种搭配法能充分体现眼部立体感和眼部神采，适用于眼形较长者。

三色晕染法化妆步骤与方法：

将上眼睑分为左、中、右三等份，即（1）（2）（3）三个区。

1）用高光色在（2）区由眼球高点落笔，进行晕染。

2）用眼影色由（1）区内眼角端落笔，逐渐向（2）区进行晕染。

3）用眼影色由（3）外眼角落笔，逐渐向（2）区进行晕染。

4）在眶上缘部位提亮。

2. 1/2 排列晕染法

1/2 排列晕染法特点：也称左右晕染法，即将上眼睑分为左右两部分进行横向晕染，此种眼影排列方式色彩对比夸张，具有较强的修饰性，适用于晚宴等修饰性较强的妆面。

1/2 排列晕染法化妆步骤与方法：

由上眼睑的中央将整个上眼睑分为左和右两个区（1）（2）两个区。

1）选用较浅的眼影色，由（1）区内眼角落笔，向（2）区外眼角进行晕染。

2）选用较深的眼影色，从（2）区外眼角处落笔向（1）区内眼角进行晕染。

3）在眶上缘部分提亮。

3. 上浅下深晕染法

上浅下深晕染法特点：用眼影色沿睫毛根向上平行进行由深至浅的晕染方法，此方法色彩过渡柔和自然，给人以典雅、清秀的感觉，尤其适用于单眼睑及眼睑浮肿者。

上浅下深晕染法化妆步骤与方法。

1）从外眼角落笔，眼睫毛根部向内眼角处晕染，再向上平行进行由深到浅的晕染至恰当的位置。

2）在眶上缘部位提亮。

（二）注意事项

1. 晕染时刷子要始终平贴在眼睑上，并随着眼部的形体变化而变化。

2. 各区的衔接部位过渡要自然。

3. 各区选择颜色时，要考虑眼形特点及色彩色性。

知识点测试

一、判断题

1. 三色晕染法可以用两种以上的颜色作为主色。　　　　　正确的答案是：对

试题分析：三色晕染法可以使用两种颜色作为主色。

2. 在使用1/2排列晕染法时可以将深色涂在内眼角。　　　正确的答案是：错

试题分析：1/2排列晕染法是将浅色涂在内眼角的，所以此判断是错的。

3. 上浅下深晕染法可以使用多种颜色。　　　　　　　　　正确的答案是：错

试题分析：可以使用同色系的眼影色，不可以使用多种颜色。

4. 三色晕染法将眼睑分为三个区进行晕染。　　　　　　　正确的答案是：对

试题分析：回答是准确的。

二、填空题

1. 晕染时，刷子要始终平贴在_____，并随着眼部的形体变化而_____。

正确答案：眼睑上、变化。

试题分析：本题主要考察学生在化妆中使用化妆工具的情况。

2. 眼影晕染时各区的衔接部位要_____，不能有分界线。

正确答案：过渡自然。

试题分析：本题阐述了眼影涂抹的基本要求。

3. 各区在选择颜色时，要考虑_____及_____。

正确答案：眼形特点、色彩的色性。

试题分析：本题主要考察学生对颜色的使用方法。

4. 1/3排列晕染发是由上眼睑横向分为_____区域进行晕染，搭配方法可以采用

_____，_____。

正确答案：两个、对比色、临近色。

试题分析：本题主要是考察学生对1/3排列晕染方法的掌握情况。

四、晚宴妆化妆步骤与方法

（一）化妆步骤

1. 洁肤，润肤。

2. 修眉。

3. 涂粉底。

4. 定妆。

5. 眼部化妆。

6. 画眉。

7. 画唇。

8. 腮红。

9. 发型与服饰。

（二）化妆方法

1. 肤色的修饰

1/2 排列晕染法化妆步骤与方法：

由上眼睑的中央将整个上眼睑分为左和右两个区（1）（2）两个区。

粉底：选用深浅不同的膏状粉底来强调面部的立体结构，并突出细腻光滑的肤质，粉底涂抹均匀；用蜜粉定妆，并用掸粉刷掸去多余浮粉，使肤色自然。

2. 眼眉的修饰

眼影：眼影用色冷暖皆可，要视肤色、服装色、眼形条件而定。但不宜过于繁杂，晕染要自然。

眼线：使用黑色眼线笔描画睫毛线。

睫毛：用睫毛膏涂抹睫毛，根据需要粘贴修剪自然的假睫毛。

3. 眉形

眉毛形状依脸形和眼形而定，眉色宜选用黑灰或黑棕色，要虚实过渡自然。

4. 颊红

腮红不宜过浓，晕染面积不宜过大，要深浅适中，过渡自然，要与肤色自然衔接。

5. 唇红

唇色要与服装色、眼影色相协调、唇形描画清晰，要使唇膏保持牢固持久。

6. 发型与服饰

发型与服饰要与妆面整体效果协调统一，整体造型要体现女性独有的个性魅力。

知识点测试

一、判断题

1. 晚宴妆的眼部化妆程序在实践中可以适当调整。　　　　正确的答案是：对

试题分析：晚宴妆的眼部化妆程序在需要的时候可以适当调整。

2. 粉底选用深浅不同的膏状粉底来强调面部的立体结构。　　正确的答案是：对

试题分析：晚宴妆的粉底要选择膏状粉底来强调面部结构的，回答是正确的。

3. 晚宴妆的眉色选择黑色或灰色。　　　　　　　　　　正确的答案是：错

试题分析：晚宴妆的眉色应该是黑灰或者黑棕色，所以是错的。

4. 发型与服饰要与妆面整体效果协调统一，不可单独存在。

正确的答案是：对

试题分析：妆面整体效果一定与发型服饰协调、统一，回答的准确。

二、填空题

1. 晚宴眼影色不宜过于_____，晕染要_____。

正确答案：繁杂、自然。

试题分析：晚宴妆的眼影色切记过于繁杂，晕染也要柔和。

2. 睫毛的修饰：根据需要粘贴_____。

正确答案：修剪自然的假睫毛。

试题分析：在选择睫毛时要先修剪，睫毛形态要自然。

3. 晚宴妆的眉形主要依_____和_____而定。

正确答案：眼形、脸形。

试题分析：晚宴妆对眉毛化妆的基本要求。

4. 腮红晕染不宜_____，晕染面积不宜_____要_____，过渡自然。

正确答案：过浓、过大、深浅适中。

试题分析：晚宴妆腮红的涂抹要求。

第五节　演示性化妆造型实例

内容提要

本节以全国职业院校技能比赛中职校美发与形象设计专业新娘化妆盘发造型项目为例。让学生对演示性化妆造型的特点、演示性化妆造型的整体设计有所了解，通过观摩演示性化妆造型实例，了解演示性化妆造型评判标准（以全国职业院校技能比赛中职校美发与形象设计专业新娘化妆盘发造型项目为例）。开拓视野，激发学生对技能训练能力提高的兴趣，引导学生挑战自我，积极参与各级各类技能大赛，提高专业技能水平。

一、演示性化妆造型的特点

（一）演示性化妆造型的概念

演示性化妆造型用于参赛或技术交流，有别于生活中的化妆造型，它要在实用的基础上展示艺术效果，通过为模特塑造形象来表达作者的艺术构思和审美意识，反映作者娴熟的技术功底和艺术底蕴。

（二）演示性化妆造型的特点

1. 演示性的化妆妆造型强调和谐美，造型上可以夸张，妆型设计与服饰风格、模特气质相符合。用色依据设计而定，没有局限性。

2. 演示性的化妆妆造型眼部化妆是妆型中的重点，用色与晕染方法应具有前瞻性及可流行性。

3. 演示性的化妆造型设计要注意实用性与艺术性的比例关系，化妆手法要细腻柔和，模特的选用须符合所设计的造型风格，有较强的表现力，能够较好地表现作者的创作意图。

4. 演示性的化妆造型作品的效果不仅要让观赏者留下较深的印象，还要使人从中

得到借鉴和学习。

知识点测试

简答题

1. 简述演示性化妆造型的概念。

参考答案：演示性化妆造型用于参赛或技术交流，有别于生活中的化妆造型，它要在实用的基础上展示艺术效果，通过为模特塑造形象来表达作者的艺术构思和审美意识，反映作者娴熟的技术功底和艺术底蕴。

试题分析：在美容化妆中，对演示性化妆造型概念的识记是至关重要的，有助于学生理解什么是演示性化妆造型。有助于学生在技能的练习过程中把握正确方法。

2. 演示性化妆造型的特点有哪些？

参考答案：①演示性的化妆妆造型强调和谐美，造型上可以夸张，妆型设计与服饰风格、模特气质相符合。用色依据设计而定，没有局限性。②演示性的化妆妆造型眼部化妆是妆型中的重点，用色与晕染方法应具有前瞻性及可流行性。③演示性的化妆造型设计要注意实用性与艺术性的比例关系，化妆手法要细腻柔和，模特的选用须符合所设计的造型风格，有较强的表现力，能够较好地表现作者的创作意图。④演示性的化妆造型作品的效果不仅要让观赏者留下较深的印象，还要使人从中得到借鉴和学习。

试题分析：在美容化妆中，对演示性化妆造型概念的识记是至关重要的，有助于学生理解什么是演示性化妆造型，有助于学生在技能的练习过程中把握正确方法。

二、演示性化妆造型的整体设计

（一）演示性化妆造型的整体设计表现方法

1. 演示性化妆造型不同于实用性化妆造型。可以在源于生活的基础上高于生活，无论是表演还是比赛，在造型塑造上可发挥的空间都较大。

2. 演示性化妆造型在塑造与众不同的形象的同时，对于化妆技能的要求也有不同。比赛性化妆造型必须有高超的化妆技能，妆面必须细腻柔和；而表演性的化妆造型所展示的是它的整体造型构思，化妆可相对简化些。

（二）演示性化妆造型整体设计要点

1. 主题突出，体现设计的实用性，具有个性特征。
2. 发型设计体现实用性与流行性相结合，突出实用性。
3. 妆面、发型、服饰整体造型协调。

知识点测试

简答题

1. 演示性化妆造型的整体设计表现方法有哪些？

参考答案：①演示性化妆造型不同于实用性化妆造型。可以在源于生活的基础上高于生活，无论是表演还是比赛，在造型塑造上可发挥的空间都较大。②演示性化妆造型在塑造与众不同的形象的同时，对于化妆技能的要求有不同。比赛性化妆造型必须有高超的化妆技能，妆面必须细腻柔和；而表演性的化妆造型所展示的是它的整体造型构思，化妆可相对简化些。

试题分析：对演示性化妆造型的整体设计表现方法及要点的了解，有助于学生今后的专业成长与发展。

2. 简述演示性化妆造型整体设计要点。

参考答案：①主题突出，体现设计的实用性，具有个性特征。②发型设计体现实用性与流行性相结合，突出实用性。③妆面、发型、服饰整体造型协调。

试题分析：对演示性化妆造型的整体设计表现方法及要点的了解，有助于学生今后的专业成长与发展。

三、演示性化妆造型评判标准

以新娘化妆盘发为例

评判标准：

化妆标准（化妆技术80％；整体效果20％）

1. 妆面粉底厚薄均匀，粉底颜色自然柔和，质感细腻。

2. 妆面干净、对称、牢固，化妆技巧突出新娘化妆特点。

3. 色彩搭配合理，层次过渡衔接自然。

4. 五官轮廓清晰，比例均匀，妆面设计与造型意图吻合。

5. 妆面、色彩、发型、服饰搭配符合新娘自身条件和新娘化妆要求，符合婚庆场合，突出新娘魅力，注重整体效果。

发型标准（发型技术80％，整体设计20％）

发色与发型、发片与发型、头饰与发型和谐搭配。

妆面、发型、服饰整体造型协调搭配，整体造型体现实用性与时尚性结合。

整体计分（化妆分数和发型分数的平均值）。

第 六 章
整体形象设计化妆造型

学习目标

　　本章内容首先使学生了解人物造型设计的应用，掌握解决实际问题的能力，培养学生对整体形象设计化妆造型的兴趣和热情，形成良好的职业道德。激发和培养学生学习专业的兴趣，提高学生学习的自信心从而提高自主学习能力；引导学生了解整体形象设计化妆造型专业知识的运用，掌握一定的基本知识、步骤与方法，培养正确的整体形象设计化妆造型的职业理念和价值观。

内容概述

　　造型艺术是一门新兴的综合艺术学科，无论是哪一行业都需要有一个良好的形象展示在公众面前，形象问题可以反映一个人的素质和修养，更可以反映出一个人的社会价值。由此，针对于美容美发行业开设此课程非常必要，它提高了行业发展的标准，更提升了专业的内涵。在学习的过程中，学生通过学习人物造型设计的基本知识逐渐掌握造型设计的步骤与方法，并能设计出符合需要的人物形象，从而提高学生的专业知识和专业技能的学习。使学生理解形象设计的真正内涵，进而树立起职业目标，塑造良好职业形象，推进专业快速、健康发展。

本章总结

　　本章内容分为两小节，但知识信息容量较大，通过学习抓住人的外形特征，围绕人物造型特点，综合应用化妆、发型、服饰搭配、仪态仪表等所学专业知识塑造理想的整体形象，使其符合社会环境、职业性质，通过外在形象塑造彰显个人魅力、个性、素质和专业。

第一节　整体化妆造型设计的基本知识

内容提要

　　通过本节的学习，要求学生知道生活晚妆的特点，了解生活晚妆的常用色彩及眼影晕染方法，掌握生活晚妆的化妆步骤与方法，培养学生细致、准确、完美的工作态度与习惯。了解造型设计的要素，通过要素的学习使学生掌握造型的基本条件，学会知识的运用。了解妆面设计、发型设计、服装服饰搭配设计、形态礼仪在造型设计中的作用，通过技能技法的练习熟练掌握造型设计，养成良好的职业习惯。

一、造型设计的基本概念

（一）造型设计概念

造型设计是以审美为核心，将个人的肤色、脸形、体形、性格、年龄、职业等综合因素，通过造型艺术手段设计出符合人物在生活中的形象，并得到公众认可（造型设计包括发型设计、妆面设计、服饰的搭配及仪态仪表）。

（二）造型设计的审美原则

造型设计的审美原则为：统一与变化、对称与均衡、节奏与韵律、尺度与比例。具体分述如下：

1. 统一与变化

统一：把性质相同或类似的因素组织在一起，形成和谐宁静、井然有序的感觉。

变化：把性质相异的因素组织在一起，使各组成部分产生明显的差异，形成对比感觉。

2. 对称与均衡

对称：假设一个中心点或中心线，将其两侧大小图案材质等因素表现形式一致，形成端庄、整齐之感。

均衡：在特定的空间范围内，使形式诸要素间的视觉力感保持平衡关系，达到和谐美感。

3. 节奏与韵律

节奏：统指形色合乎规律的周期性运动、变化。节奏感产生规整、稳重、恬静之感。在服饰中的褶皱形成独特的情趣。

韵律：指对节奏给予的变奏性处理，如同一元素做有规律的大小、长短、疏密、色彩、肌理等方面的艺术加工而成的画面效果。合理的韵律更符合人们的审美心理。

4. 尺度与比例

尺度与比例源自数学，在设计中大致有三种比例法：黄金分割比例法（以人体为比例，以腰线为分割线 1：1.618）、基准比例法（以头长为单位，一般认为 8 个头身是最美的）、百分比法（局部占整体的比例）。

比例的表现形式，在化妆中要遵询的标准"三庭五眼"的比例；在服饰色彩搭配中遵循主色调、辅色调和点缀色的变化。

知识点测试

一、填空题

1. 化妆造型设计的审美原则_____、_____、_____、_____。

正确答案：统一与变化、对称与均衡、节奏与韵律、尺度与比例。

试题分析：在化妆造型设计中，美的标准和形式法则是设计类共同遵循创造美的基本原理。

2. 尺度比例的三种比例法_____、_____、_____。

正确答案：黄金分割比例法、基准比例法、百分比法。

试题分析：化妆设计中，造型和脸形、发型、身材等比例关系在视觉上的和谐给人美的享受感，这些标准的比例在造型中至关重要。

3. 化妆造型设计的范围_____、_____、_____、_____。

正确答案：发型设计、妆面设计、服饰的搭配、仪态仪表。

试题分析：在造型设计中，整体形象体现化妆师的技能水平，掌握发型、妆面、服饰设计的搭配是必要的。

4. 形象是一个人_____与_____的综合反映。

正确答案：内在素质、外在表现。

试题分析：个人的形象问题被社会越来越重视，体现人的气质状态由内而外，并通过外在的穿着打扮展现人的形象。

5. 化妆遵循的标准_____，服饰搭配遵循的标准_____。

正确答案：三庭五眼、主色调和辅色调搭配。

试题分析：个人的形象问题被社会越来越重视，体现人的气质状态由内而外，并通过外在的穿着打扮展现人的形象。

二、判断题

1. 节奏指形色合乎规律的周期性运动、变化。节奏感产生规整、稳重、恬静之感。

正确的答案是：对

试题分析：任何造型的美感都要有审美标准，节奏感体现作品的灵活性，韵律感。

2. 均衡在特定的空间范围内使形式诸要素间的视觉力感保持不平衡关系。

正确的答案是：错

试题分析：平衡关系让人舒心，不平衡关系产生特殊感。

3. 统一把性质相同或类似的因素组织在一起，形成和谐宁静，井然有序的感觉。

正确的答案是：对

试题分析：相同或类似的元素组织在一起形成舒适的感觉。

4. 变化把性质相异的因素组织在一起，使各组成部分产生不明显的差异，形成统一的感觉。

正确的答案是：错

试题分析：有变化的事物之间一定有差异，不完全统一。

5. 蝴蝶和人体都是相对对称的。

正确的答案是：对

试题分析：相对对称不是完全对称，蝴蝶和人体是相对的对称。

二、造型设计的要素

(一) 需要记忆掌握的内容

1. 形：物体的表面是由大量紧密排列的不同形态的线条组成的，称为轮廓或轮廓线（外在形状）。

人的形象特征：方脸形、圆脸形、肿眼皮、樱桃小嘴等，在化妆设计中需要设计者通过对形的修饰来扬长避短，创造美的形象。

2. 色：物体的颜色，没有色就无法展现形的描画效果，人们利用色的不同属性来决定对一个人设计的定位人的不同形象造型是由妆色与妆型、服装色与款式、发色与发型等多种元素组合而成。

3. 比例与量感：是指人体各部位之间存在的一种相互和谐的体量配置关系。对于化妆设计者来说，利用错视的手法可以使设计对象看上去楚楚动人。

造型比例均衡——和谐、舒适（1:1.618）。

造型比例不均衡——夸张、个性。

大量感、小量感、中量感。

4. 材质与肌理：由于物体的材料不同，因组织、排列、构造不同，产生粗糙、光滑、软硬感。肌理是不同物体结构和组合的各种形式、特征、性质的综合表现。在造型设计中不同肌理物品的运用能达到不同的效果，同一物品由于肌理的不同，效果也截然不同。

(二) 需要理解的内容

1. 形的种类

直线形：直接、硬朗、端正、个性、中性

曲线形：圆润、柔和、优雅、女性

中间形：介于直曲之间，含蓄，柔和

2. 色彩要素

色彩的视错印象，在色彩搭配中学会巧妙地的驾驭视错，"将错就错"地创造出既可以预见又能诱导出符合视觉美感规律的作品，常见的色彩错视有膨缩性和同时对比视错。

膨缩性错视：在视觉感受中明亮而鲜艳的颜色具有夸张、前进、膨胀感，而那些沉浊而灰暗的颜色具有低调、收缩、后退感。

同时对比视错：同时接受到迥然不同的色彩刺激后，造成错误的感受，当纯度各异的色彩参加对比时，饱和度高的会更加艳丽夺目，饱和度低的颜色会显得暗淡。

3. 比例关系

在化妆造型设计中，人体的比例存在着很大的差异，形成生活中高矮胖瘦等不同的比例特征，只有掌握标准脸形、身型的比例关系，才能通过对服装的修饰、发型的修饰来影响视觉效果。在进行设计时，利用错视等的手法使设计者达到理想的状态。如头部过大或过小时，造型师可利用发型加以修饰；当人体偏矮时可利用发型、服装

的色彩、布料的条纹加以弥补。

4. 材质的要素

状态——干与湿、粗与细、软与硬、有纹理与无纹理、有光泽与无光泽、有规律与无规律、透明半透明和不透明。

表现效果——悦目、传情。

种类——纺织类（麻织物、棉织物、丝织物、毛织物、化纤织物）、毛皮类、皮革类。

（三）需要熟练的内容

1. 学会判断脸形的线条感：

方脸形：线条偏直、显得生硬。

圆脸形：线条圆润、显得可爱。

长脸形：两颊消瘦、缺少生气、忧郁感。

倒三角脸形：前额较宽，下额较窄，给人秀美、纯情感。

正三角脸形：下颌骨较宽，给人单薄，缺少丰润感。

菱形脸：上额角下颌骨较窄，颧骨较宽，脸形单薄感。

2. 不同色彩的感受及印象

红色：热情、吉祥、性感、活力

橙色：丰硕、甜蜜、成熟、富贵

黄色：光明、快乐、轻松、年轻

绿色：青春、田园、安逸、舒适

蓝色：智慧、凉爽、静谧、永恒

紫色：高贵、神秘、冷艳、梦幻

白色：神圣、正直、朴素、无私

黑色：严肃、毅力、刚正、高贵

灰色：谦逊、沉稳、优雅、含蓄

金色：华丽、富贵、奢华、璀璨

银色：生硬、寒冷、个性、醒目

知识点测试

一、填空题

1. 人物的不同形象造型是由_____、_____、_____等多种元素组合而成。

正确答案：妆色与妆型、服装色与款式、发色与发型。

试题分析：在化妆造型设计中，单一的妆面或发型不能成为整体，只有妆面发型服饰统一才成为整体。

2. 造型比例均衡的是_____、_____的感觉；造型比例不均衡的是_____、_____的感觉。

正确答案：和谐、舒适、夸张、个性。

试题分析：化妆中，标准的比例在造型中给人美的享受，均衡的让人舒适，否则就是夸张的。

3．红色的色彩印象有热情_____、_____、_____。

正确答案：吉祥、性感、活力。

试题分析：色彩对人的影响很大，每一种色彩都有自己表达的语言。

4．在化妆造型设计中，人体的比例存在着很大的差异，形成生活中高矮胖瘦等不同的比例特征，只有掌握_____、_____，才能通过对_____和_____来影响视觉效果。

正确答案：标准脸形、身型的比例关系、服装的修饰、发型的修饰。

试题分析：人们外在的缺陷是可以通过后天来弥补的，通过造型设计的表现手法在视觉上达到和谐之美。

5．曲线形的特点是圆润、_____、_____、_____。

正确答案：柔和、优雅、女性的。

试题分析：通常曲线象征着女人，给人柔美感。

二、判断题

1．紫色显得高贵、神秘、冷艳、梦幻。　　　　　　　　　正确的答案是：对

试题分析：紫色在色彩中是比较个性的色彩，紫色的花都在晚上开，所以很梦幻般的感觉。

2．长脸形的两颊消瘦、缺少生气、有忧郁感。　　　　　　正确的答案是：对

试题分析：长脸形的特点给人生硬感。

3．材质的表现效果是比较悦目和传情的。　　　　　　　　正确的答案是：对

试题分析：不同的材质表达的效果不同。

4．人体的标准比例是1∶1.898。　　　　　　　　　　　　正确的答案是：错

试题分析：标准比例是1∶1.618。

5．色彩对比越艳丽，对比效果越弱。　　　　　　　　　　正确的答案是：错

试题分析：相对对称不是完全对称，蝴蝶和人体是相对的对称。

三、造型设计与整体形象的关系

（一）妆型与整体形象的关系

化妆造型设计是构成整体形象的重要组成部分，它是根据人物造型整体风格和整体要求来完成设计的，它力求整体形象的和谐统一，并突出人物特点。化妆造型并不是指单一的妆面设计，而是根据对象的年龄、服饰、发型、职业、环境等多方面因素进行综合设计的体现。

1．妆型与妆色的关系

妆色的选用取决妆型的要求和设计对象的条件。色彩是具有情感作用的，人们对不同的色彩会产生不同的心理反应。在化妆造型时，要充分利用色彩的情感因素来表

现妆型特点，使妆型与人物内在气质相和谐。

2. 妆型与发型的关系

一个完整的化妆造型，化妆与发型的搭配起着至关重要的作用。晚宴妆造型可以梳理适合设计对象的盘发造型，使妆型显得更加高雅大方，特点突出。时尚妆造型如果梳理的是发丝光滑、轮廓饱满的包发，妆型则会显得有些拘谨，动感不足。因此，妆型与发型的搭配应协调统一。

3. 妆型与服装的关系

服装的穿着与饰物的佩戴要与妆型的风格保持一致。搭配得当的服饰会使妆型显得更加完整。例如，穿着高贵华丽的晚礼服，佩戴造型简洁优雅、品质名贵的饰物，反之，则气氛不协调。

4. 妆型与时间、地点、场合的关系

设计妆型必须考虑带妆出现的时间、地点及场合。如果带妆出现的时间是白天，自然清淡，如果是艳丽夸张那就不协调了。

（二）发型与整体形象的关系

发型在整体形象设计中是不容忽视的内容，头发的造型有较大的自由度，利用头发的造型，可以弥补面型比例不足，使整个头部形象形成一种新的比例关系。合理搭配发型完成整体形象设计的重点之一，必须掌握发型与整体形象的关系。

1. 发型与五官的关系

许多人的身材、面型、及五官都存在这样那样的缺点，可利用发型来弥补缺憾。

如：额头太高——刘海儿是最有效的发式；

额头太低——发型的线条要简单，刘海儿多留一些；

鼻梁突出——刘海要柔和的线条。

2. 发型与面型的关系

长脸形：使脸颊两侧头发蓬松，并用刘海遮住额头。

圆脸形：单纯可爱，额头充分显露出来，头顶部蓬松些，两侧尽量服帖，弯曲不要向外弯。

方脸形：不够柔和，内轮廓有所遮挡 前额的头发可以斜着盖下来，遮掉一角额头，下摆可以波状、波纹状。

菱形脸：两侧的头发要蓬松，不宜留高刘海，烫发可以显得温柔。

正三角脸形：适合烫头发，上部要蓬松，下部收缩。

倒三角脸形：古典、很秀气，头顶不要蓬松，面颊两侧尽量蓬松些。

椭圆形脸：各种发型均可以。

3. 发型与体型的关系

造型设计中，发型与体型的协调也不容忽视，一个体型矮胖、颈部短粗的人，留着披肩长发会给人以笨拙、臃肿的感觉；如果剪成服帖的短发，则会给人留下干净利索的印象。

4. 发型与场合的关系

发型美是人体的一个重要组成部分，在不同的场合应考虑不同的发型，这样才能

给人以和谐统一的印象。例如，上班简洁明快；宴会高雅的盘发；度假易于梳理。

5. 发型与体型的关系

（1）矮小肥胖人——长发看起来会使人更显得矮，宜短宜紧的发型。

（2）瘦高型——适合留长发。卷曲的波浪式有一定的协调作用。不宜将长发削减过短，也不宜盘高髻。

（3）高大肥胖型——要选择适中的发型，头发不要太短，也不太长，刚刚过肩，发式简洁，发质亮顺。

（4）肩宽的人——选用略微蓬松或发尾外翻的发型。

（5）肩窄的人——选用柔和的、飘逸的发型。

（6）脖子长的人——发型的外轮廓要两边蓬松饱满，也不宜瘦长。

（7）脖子短的人——发尾短至耳垂处，若留长发，向外展开，不宜内收，发型不宜蓬松 ，否则会有增加发量的感觉。

（三）服装与整体形象的关系

得体的服装可以表现出着装者的艺术品位和审美情趣，妆型、发型、服装的合理搭配可使人的形象完整统一。

1. 服装与面型的关系

长脸形：穿一字领、圆领、立领和中式领。

圆脸形：选 V 形领、马鞍形领、竖纹服装。

正三角形：尖领、长圆领。

2. 服装与 TPO 的原则

TPO 原则——Time（时间）、Place（地点）、Occusion（场合）。

时间原则：让服饰充满时尚，随季节变化。

地点原则：让服饰与环境协调。

场合原则：服饰要注意礼仪气氛。

3. 服装与体型的关系，主要有以下几种：

O 体型——臀部较宽，胸部与腹部较突出，外观呈圆形，适合穿有延伸的衣服，拉长体型，不宜穿着紧身衣。

H 体型——腰臀较高，缺乏女性曲线美感，适合分身着装，注意衣服比例关系，避免突出粗直的腰部。

A 体型——上身瘦，臀部较大，适合强调女性的成熟与典雅，不宜穿短裙短裤。

X 体型——腰部细或正常，上下较宽，适合强调收腰的效果，服装款式大方简洁。

知识点测试

一、填空题

1. 化妆造型设计是根据人物造型_____和_____来完成设计的，力求整体形象的和谐统一。

正确答案：整体设计风格、整体设计要求。

试题分析：任何人物造型设计都是有标准的情况下进行的。

2. 得体的服装可以表现出着装者的艺术品位和审美情趣，_____、_____、_____的合理搭配可使人的形象完整统一。

正确答案：妆型、发型、服装。

试题分析：一个完美的形象必须是从头到脚看起来都是很和谐的，强调整体感。

3. 化妆造型并不是指单一的妆面设计，而是根据对象的_____、_____、发型、_____、_____等多方面因素进行综合设计的体现。

正确答案：年龄、服饰、职业、环境。

试题分析：色彩对人的影响很大，每一种色彩都有自己表达的语言。

4. 常见的脸形有_____、方脸形、_____、_____、倒三角脸形、_____、椭圆形脸等。

正确答案：圆脸形、长脸形、正三角脸形、菱形脸。

试题分析：人们经过长期经验总结出来的几种脸形。

5. 服装与TPO原则，TPO是指_____、_____、_____。

正确答案：时间、地点、场合。

试题分析：服装搭配中要考虑TPO原则。

二、判断题

1. O体型——臀部较宽，胸部与腹部较突出，外观呈圆形，适合穿有延伸的衣服，拉长体型，不宜穿着紧身衣。 　　　　　　正确的答案是：对

试题分析：较胖的人适合穿拉伸感的衣服。

2. 中性发质弹性强，水分适中，极易造型。 　　　　　　正确的答案是：对

试题分析：在造型中，中性的发质易于打理。

3. 时尚妆造型如果梳理的是发丝光滑、轮廓饱满的包发，妆型则会显得有些拘谨，动感不足。 　　　　　　正确的答案是：对

试题分析：时尚的妆型具有潮流感，过于保守的造型不适合。

4. 额头太高的人刘海儿是最不适合的发式。 　　　　　　正确的答案是：错

试题分析：刘海的造型非常适合额头长得不够理想的人。

5. 圆脸形给人单纯可爱之感，额头充分显露出来，头顶部蓬松些，两侧尽量服帖，不要向外弯。 　　　　　　正确的答案是：对

试题分析：圆脸形不适合两侧蓬松的发型，会显得偏胖些。

第二节　整体化妆造型设计的步骤与方法

内容提要

通过本节的学习，要求学生通过个人形象分析，设计出符合个人形象的个性魅力。

培养学生的造型能力，树立信心，形成良好的职业形象。通过学习人物造型设计的基本知识逐渐掌握造型设计的步骤与方法，并能设计出符合需要的人物形象，从而更加提高了学生的专业知识和专业技能的学习。

一、人体色与四季色彩的特点

（一）形象分析人体色的属性

1. 分析对象的固有色（人体色）

所谓的固有色是指人体的皮肤、毛发、眼睛，通过对人体色的判断，可以直接选择适合的妆色，理想的服装色彩。

2. 人体色的属性

（1）皮肤的"色彩属性"冷暖基调

黑色素——呈现在脸上的是茶色

血色素——呈现在脸上的是红色

核黄素——呈现在脸上的是黄色

冷色基调——以蓝为底，皮肤透着粉红、蓝青、暗紫红或灰褐色。

暖色基调——以黄为底，皮肤透着象牙白、金黄、褐色或金褐色。

（2）毛发冷暖基调

暖色基调——橙黄、浅黄色印象

冷色基调——灰、灰黑色印象

（3）眼睛冷暖基调

暖色基调——橙黄、浅黄色印象

冷色基调——灰、黑色印象

（二）四季色彩的特点

1. 春季型（浅冷对比型）：鲜艳而明亮的色彩群

特征：

毛发——明亮如绢的茶色，柔和的棕黄色。

眼睛——眼珠呈棕黄或棕色，眼白湖蓝色，眼神明亮、轻盈，对比。

肤色——白皙、细腻而透明感的浅象牙色，脸颊易呈珊瑚粉、桃粉的红晕。

2. 夏季型（浅冷渐变型）：柔和而淡雅的色彩群

特征：

毛发——柔软的灰黑色深棕色。

眼镜——眼珠深棕色、玫瑰棕色，眼白柔白色，眼神轻柔。

皮肤——白皙的乳白色、米白色，脸颊白黑透红，易红晕。

3. 秋季型（深暖渐变型）：浑厚而浓郁的色彩群

特征：

毛发——有光泽的棕色、深棕色。

眼睛——眼珠呈深棕、茶色，眼白湖蓝色，眼神沉稳，给人印象深刻。

皮肤——匀整，瓷器般的象牙色，脸颊不易红晕。

4. 冬季型（深冷对比性）：冷峻而惊艳的色彩群

特征：

毛发——灰黑色，深棕色。

眼睛——眼珠深棕、黑色、眼白冷白色，眼神锋利，强对比。

皮肤——冷清的冷白色，或偏白的黄褐色，脸颊不易红晕。

（三）熟练应用的内容

1. 具有代表性色彩的四季颜色布放在颈部，与皮肤相对照，找出适合对象的色彩，判断出设计对象的皮肤色彩的类别。

好的色彩呈现在脸上——脸立体，光泽集中，显小。

a. 光泽——集中在脸的内轮廓，形成倒三角脸形变化。

b. 透明——细腻，平滑，滋润，呼吸，薄，皮肤质感好。

c. 立体——肌肉变化，头挺拔，向上升紧绷感。

d. 红晕——瑕疵：淡化柔和。

e. 匀整——匀称整体协调。

明度：考虑头重量与布的平衡关系（皮肤）确定范围。

纯度：人的清晰度与鲜艳度之间的平衡，既不刺眼也不突出。

2. 分析设计对象的原型

（1）面部原型分析——包括面型特点、五官比例情况，皮肤纹路特征、斑痣的分析、骨骼的成相及肌肉的走势。

（2）发型的原型分析——包括发色和发质情况头发长短现状、头颅造型、面型、颈长、肩宽、头和身体的比例等。

（3）体型的比例分析——通常包括身高、体重、肩宽以及三围尺寸，但必须考虑人体的轮廓及给人的初步视觉现象，包括气质的感觉，身体是方正的还是小巧玲珑的等。

（4）分析设计对象的个人气质，对象——气质倾向是造型中最难把握的，它的把握靠仔细的观察、倾听，以及有针对性的交谈而获得。美丽不是具体的，它蕴含在一种无可言表的气质感受中。

知识点测试

一、填空题

1. 所谓的固有色是指人体的_____、_____、_____。

正确答案：皮肤、毛发、眼睛。

试题分析：人体色指的是外在看到的颜色，即皮肤、毛发、眼睛。

2. 黑色素呈现在脸上的是_____，血色素呈现在脸上的是_____，核黄素呈现在脸上的是_____。

正确答案：茶色、红色、黄色。

试题分析：皮肤的色调是由这几种色素决定的。

3. 适合你的色彩呈现在脸上，会显得脸部皮肤是_____、_____、_____。

正确答案：脸立体、光泽集中、显小。

试题分析：好的色彩会显得皮肤透明，脸形立体。

4. 夏季型又叫_____，适合_____的色彩群；秋季型又叫_____，适合_____的色彩群。

正确答案：浅冷渐变型、柔和而淡雅、深暖渐变型、浑厚而浓郁。

试题分析：季节不同，选择的颜色也不同。

5. 冷色基调是以_____为底，皮肤透着粉红、蓝青、暗紫红或灰褐色；暖色基调是以黄为底，皮肤透着_____、_____、_____或金褐色。

正确答案：蓝、象牙白、金黄、褐色。

试题分析：冷暖基调色彩的区别，就是冷暖倾向性。

二、判断题

1. 面部原型包括面型特点、五官比例情况，皮肤纹路特征、斑痣的分析、骨骼的成相及肌肉的走势。　　　　　　　　　　　　　　　正确的答案是：对

试题分析：脸上的所有一切都是造型设计时考虑的范围。

2. 冬季型（深冷对比性），冷峻而惊艳的色彩群，毛发——灰黑色，深棕色；眼睛——眼珠深棕、黑色、眼白冷白色，眼神锋利，强对比。　　　　正确的答案是：对

试题分析：冬季类型是四个季节中最个性的，适合强对比搭配。

3. 人物造型设计如果变得像一种艺术创作，它需要单一的设计就可以。

　　　　　　　　　　　　　　　　　　　　　　　　　正确的答案是：错

试题分析：造型设计并不是单一形式存在的，需要妆型发型服饰综合的搭配。

4. 适合的颜色光泽是要集中在脸的内轮廓，形成倒三角脸形的变化。

　　　　　　　　　　　　　　　　　　　　　　　　　正确的答案是：对

试题分析：光泽集中在脸部正前方显得脸瘦，皮肤光泽好。

5. 春季型的肤色是白皙、细腻而透明感的浅象牙色，脸颊易呈珊瑚粉、桃粉的红晕。　　　　　　　　　　　　　　　　　　　　正确的答案是：对

试题分析：春季型的人比实际年龄显得年轻，肤色粉嫩。

二、造型设计的步骤与报告的填写

（一）形象定位

通过对设计对象的观察、了解及分析，为设计对象选定一个最佳方案的定稿，将设计对象定位在某一类型的形象上。具体来讲，形象定位有三个方面：第一是职业定位，设计对象是工人、教师、白领、运动员等，职业因素决定形象类型；第二是个性定位，外向、内向、稳定的、活泼的等，目的是能够找出代表设计对象自己个性语言，

突出他的个性特点；第三是 TPO 定位，即时间、地点、场合、甚至事由，设计出与环境和谐的形象。此外，要考虑年龄、皮肤质地因素等。

（二）生活中的三大着装场合

1. 职业场

上班穿着的服装，适合简洁、大方、合体的时尚职业套装或套裙，可以佩戴小巧而精致的饰品，更显女性魅力（经典搭配——小西服＋衬衣＋饰品）。

2. 社交场

在重要会议和会谈、庄重的仪式以及正式宴请等场合，女士着装应端庄得体。

（1）上衣：上衣讲究平整挺括，较少使用饰物和花边进行点缀，纽扣应全部系上。

（2）裙子：以窄裙为主，年轻女性的裙子下摆可在膝盖以上 3～6cm，但不可太短；中老年女性的裙子应在膝盖以下 3cm 左右。裙子里面应穿着衬裙。真皮或仿皮的西装套裙不宜在正式场合穿着。

（3）衬衫：以单色为最佳之选。穿着衬衫还应注意以下事项：衬衫的下摆应掖入裙腰之内而不是悬垂于外，也不要在腰间打结；衬衫的纽扣除最上面一粒可以不系上，其他纽扣均应系好；穿着西装套裙时不要脱下上衣而直接外穿衬衫。衬衫之内应当穿着内衣但不可显露出来。

（4）鞋袜：鞋子应是高跟鞋或中跟鞋。袜子应是高筒袜或连裤袜。鞋袜款式应以简单为主，颜色应与西装套裙相搭配。

3. 休闲场

休闲装是最能表现个性和时尚的服装，着装的秘诀在于巧妙多变的搭配技巧。可根据身处场所与服装功能分为：时尚休闲、家居休闲、运动休闲。

（三）需要理解的内容

1. 形象设计造型：抓住人的外形特质，围绕职场环境、职业性质，综合应用化妆、发型和服饰搭配等所学专业知识塑造人的职场装扮，使其符合职业性质、融合职业环境，通过外在形象塑造彰显职场人士的魅力、个性、素质和专业。

2. 形象造型步骤：首先，与顾客沟通，分析顾客的显性隐性的因素，职业、年龄、职位、个性、喜好、经常出入的场合等综合考虑；其次，通过专业的测试工具确定顾客的色彩属性，也是他的专属色适合的色彩，进行造型验证，根据顾客的职业特色制定适合服装搭配、妆面设计、发型设计；最后，为顾客制定适合的形象造型设计方案（包括职业场、社交场、休闲场）。

（四）形象造型设计方案分析表

分 析 表

客人的基本资料	姓名：性别：学历：职业：职位：年龄：地域：身高：体重：嗜好：三围——胸围：腰围：臀围：联系地址：联系方式：
人体色分析	固有色——肤色：发色：眼睛色：皮肤类型及状况：面型特征：五官特征：体型特征：

（续表）

色彩搭配规律	色彩类型：适用色：对比度：型规律：适用的妆色：发型规律：长短：直曲：发色：		
场合规律	职业场：休闲场：社交场：		

知识点测试

一、填空题

1. 形的种类有 _____ 、_____ 、_____ 。

正确答案：直线形、曲线形、中间形。

试题分析：造型中，形是基本要素。

2. 常见的体型是 _____ 、_____ 、_____ 、_____ 。

正确答案：A、H、O、X。

试题分析：最常见的体型。

3. A体型人上身 _____ ，_____ 较大，适合强调 _____ 的成熟与典雅，不宜穿 _____ 。

正确答案：瘦、臀部、女性、短裙短裤。

试题分析：A体型的特征上窄下宽。

4. 分析对象的原型包括 _____ 、_____ 、_____ 、_____ 。

正确答案：面部原型分析、发型的原型分析、体型的比例分析、个人气质分析。

试题分析：造型设计包括人物的内外的分析。

5. 干性发质缺乏 _____ 与 _____ ，发质 _____ ，不易造型。

正确答案：油脂、水分、干枯。

试题分析：干性发的特征。

6. 造型设计中地点原则方面让 _____ 与 _____ 协调。

正确答案：服饰、环境。

试题分析：地方的选择决定服饰搭配的原则。

7. _____ 比赛是最典型的要先根据创意，然后再进行人物造型。

正确答案：化妆。

试题分析：化妆造型比赛是最典型的要先根据创意，然后再进行人物造型。

二、判断题

1. 长脸形适合穿 V 领的服装。　　　　　　　　　　　正确的答案是：错

试题分析：脸长的人不适合纵向感的领子。

2. 个性特征是形象定位的重要参考条件。　　　　　　正确的答案是：对

试题分析：形象定位考虑的不是单一方面。

3. 圆脸形给人的感觉严厉、正统印象。　　　　　　　正确的答案是：错

试题分析：圆脸形给人以可爱的感觉。

4. 形象设计可以生搬硬套，按照别人的方式去做。　　正确的答案是：错

试题分析：千人千面，不能照搬照抄。

5. 设计造型时要考虑顾客的年龄、身材等特征。　　　　　　　　正确的答案是：对

试题分析：整体的造型考虑多方的因素。

6. 带蓝色基调的皮肤属于暖调的皮肤。　　　　　　　　　　　　正确的答案是：错

试题分析：蓝色是冷色调。

7. "TPO" 的 "P" 是指时间。　　　　　　　　　　　　　　　　正确的答案是：错

试题分析：P 指的是地点。

8. 目光柔和，眼睛焦茶色深棕色的人是夏季型。　　　　　　　　正确的答案是：对

试题分析：夏季型的特点。

9. 形象定位只考虑个人的年龄、职业就行。　　　　　　　　　　正确的答案是：错

试题分析：形象定位是多方位的。

10. 正三角脸形的人很适合烫发，头顶蓬松，下部收缩，用发型遮挡腮部，使人显得精神。　　　　　　　　　　　　　　　　　　　　　　　　　　正确的答案是：对

试题分析：最适合的发型设计。

三、简答题

1. 造型设计的要素有哪些？

参考答案：形要素、色彩要素、比例关系、材质要素。

试题分析：必须掌握造型的要素才能做好造型设计。

2. 妆型与整体形象的关系包括哪些？

参考答案：妆型与妆色的关系，妆色的选用取决妆型的要求和设计对象的条件；妆型与发型的关系，一个完整的化妆造型，化妆与发型的搭配起着至关重要的作用；妆型与服装的关系，服装的穿着与饰物的佩戴要与妆型的风格保持一致；妆型与时间、地点、场合的关系，设计妆型必须考虑带妆出现的时间、地点及场合。

试题分析：化妆是整体造型的一部分，必须联合整体考虑。

3. 服装与 TPO 的原则是什么？

参考答案：TPO 原则——Time（时间）、Place（地点）、Occusion（场合）

时间原则：让服饰充满时尚，随季节变化。

地点原则：让服饰与环境协调。

场合原则：服饰要注意礼仪气氛。

试题分析：服饰搭配中注重这些原则。

4. 皮肤的冷暖基调是什么？

参考答案：冷色基调——以蓝为底，皮肤透着粉红、蓝青、暗紫红或灰褐色。

暖色基调——以黄为底，皮肤透着象牙白、金黄、褐色或金褐色。

试题分析：冷暖的色彩在造型中起着重要的作用。

5. 四季类型的用色特征是什么？

参考答案：春季型（浅冷对比型）：鲜艳而明亮的色彩群

夏季型（浅冷渐变型）：柔和而淡雅的色彩群

秋季型（深暖渐变型）：浑厚而浓郁的色彩群

冬季型（深冷对比性）：冷峻而惊艳的色彩群

试题分析：了解四季型的特征有助于造型设计。

四、综合题

请你为顾客设计一款适合的职业造型，某女，身高 1.68 米，体型匀称，圆脸，大眼睛，皮肤自然红润，从事时尚的职业，言谈、举止大方，希望能在着装上更显品位，体现自己的干练气质。

参考答案：

我们通过所学的个人形象分析，该模特比较适合职业、简洁、时尚而干练的着装，利落的发型，妆面干净而魅丽的整体造型设计。

服装设计——这位模特整体气质大方时尚，体型匀称，所以在服装上老师帮她选择这套时尚的连体裙装更显精神和干练。

发型设计——她的头发较长，在工作中披散着不够敬业，因此简洁利落的盘发更显得职业气质。首先要把模特的刘海梳高一点，可以拉长模特的脸形，然后将余下的头发盘起，余下的发梢进行打毛处理并固定好，年轻而时尚，体现模特的职业能力。

妆面设计——模特的眼睛较大，画眼妆时为体现眼睛的神采，加宽鼻侧影的面积拉近两眼的间距，上下涂抹睫毛膏增强眼妆的魅力，眼影色要与服装搭配，面积晕染不宜过大，适当强调眼线的作用，更显精神；自然淡雅的腮红体现健康的肤色；模特的唇形较小，清晰的唇廓润泽的唇色体现模特的时尚气息。

最后，可添加适当的饰品，这样，一个简洁大方干练的职场丽人妆完成了。

试题分析：锻炼学生的综合能力。

参 考 文 献

[1] 徐家华. 化妆基础教材. 北京：中国纺织出版社，2009.

[2] 郝茹. 化妆基础教材. 郑州：郑州大学出版社，2013.

[3] 王一珉，陈静. 化妆基础教材. 北京：中国轻工业出版社，2006.

后　　记

　　本书是结合教育部职成司实施的职业教育数字化资源共建共享计划而编写的教材，书中所阐述的内容是与网络课程配套使用，能实现网络教学与课堂教学的同步。

　　本书由从事一线教学的美发与形象设计专业教师依据多年的教学经验，采用最直接、简单、易行的方法，将化妆师必备的专业基础知识及基本技能形象化、可操作化地进行表述。易于美发与形象设计中职学生的理解与掌握，有极强的可操作性。

　　本书在编写过程中，甘迎春、褚宇泓、宋以元、李季、高虹萍、毛晓青、贾秀杉、贺佳、付玲、吴晖、刘芳、胡磊、李子睿、李东春、曾郑华、郭志鹏、王科研、姬艳丽、张迎宾等诸位编者为本书的编写做了大量的工作，倾注了大量的心血。

　　在本书付梓之际，我们要感谢北京启迪时代科技有限公司、南京金陵中等专业学校、大庆蒙妮坦职业高级中学、长沙财经学校、山东潍坊商业学校、成都现代职业技术学校、重庆市渝中职业教育中心等部门，对出版所作出的大量协助沟通工作！同时，感谢清华大学出版社的各位老师对本书编辑、整理、校对等工作付出的辛勤劳动。

　　本书属于职业级教学材料，书中的专业知识随着技术的进步还有待改进，希望读者谅解。

编　者

2014 年 9 月 4 日